中国古琴传统制作艺术

杨致俭

著

广西师范大学出版社

· 桂林 ·

『能尽雅琴，唯至人兮』

扬之水

　　很早就对古琴有兴趣，但始终是把它作为一种人生境界、一种生命情绪、一种文化品格而遥望和恋慕，却从没有与之亲近的欲望，因为知道这太难：它需要有对精神层面的理解和对物质层面的实践以及在二者之间的从容游走。

　　如果说这里特别有一份对"物"的关注，那么便是奈良正仓院所藏满布纹饰的金银平文琴。不同角度的图像早是多次看到，而终于在正仓院展第七十一回中得见真身。一次相见，看之未足，隔了一天，又再次前往，当然腹内题记终究不能窥见。傅芸子《正仓院考古记》中说道，"腹内并题'清琴作兮□日月，幽人间兮□□□。乙亥之年季春造'。……此琴所题之乙亥干支，最早恐即玄宗之开元二十三年（七三五），最晚亦当为德宗之贞元十一年（七九五）也"。

琴通长114.5厘米，琴背为东汉李尤《琴铭》："琴之在音，荡涤耶（邪）心。虽有正性，其感亦深。存雅却郑，浮侈是禁。条畅和正，乐而不淫。"龙池两边一对龙，凤沼两边一对凤。琴的面板之端一个方形装饰框，内为竹丛花树间抚琴、拨阮、饮酒，赤足而坐的隐逸之幽人。上方一带远山，几朵流云。中间席地设酒馔，果盘、酒樽、酒勺俱全。饮者左手扶酒坛，右手持角杯，其侧一具曲木抱腰式凭几。拨阮者背倚挟轼，面前一把执壶。抚琴者的坐具为鹿皮荐，身旁一个小小的书案，上有书帙卷裹起来的卷轴。中央高树垂绿萝，两边一对持节仙人踏着云朵。竹丛花树上有白鹇驻足，下方杂花遍布，孔雀起舞，长尾雉、鸳鸯、鸭子、小鸟、蝴蝶、蜻蜓纷然其间。装饰框外依琴式纵布横向的溪流，落花涟漪金光闪耀，傍水

八人或抚琴，或展卷，或饮酒，而均有酒相伴，身边酒樽、酒瓮、盘盏、食案不一。青萝高树下的两人各坐鹿皮荐，各设酒樽与酒勺，一人抚琴，一人持角杯而饮，虽然此角杯是来通的仿制，但饮酒方式已不是胡风，即不是从底端泻酒。作为背景的水边芳甸以银箔作画，高高低低的丛花细草间飞着蜻蜓、蝴蝶、鸳鸯，还有口衔瑞草的仙鹤。如此一片丛艳漫衍至琴的各个侧面，于是有金狮、金鹿、金凤奔行其间，芳甸丽景遂成山林气象。金和银交错为文，因依映蔚，山水俊逸由是而光彩艳发。

金银平文琴是中土携来还是东瀛制作，是一个讨论了很久的问题，至今也还不能说尘埃落定。八十多年前高罗佩在他的《琴道》中就说，"这张藏于正仓院的古琴，连同其他一些日本收藏的、制作年代可以追溯到唐代的古琴，无疑都是从中国舶来的，其真正用途并不是用来弹奏，而是作为古玩"。又推论它的时代，曰《西京杂记》道"赵后有宝琴曰凤凰，皆以金石隐起为龙凤古贤列女之象"，又嵇康《琴赋》言"华绘雕琢，布藻垂文。错以犀象，藉以翠绿。弦以园客之丝，徽以钟山之玉。爰有龙凤之象，古人之形"，"那么这张藏于日本正仓院的古琴，可以说就是满足这些描述的例子：它有平文镶嵌装饰，有龙凤图饰，还有古代贤人像饰，因此我倾向于认为此琴是唐代以前制成的，或许应该属于六朝晚期的作品"。上世纪八十年代，郑珉中从琴的形制、髹漆工艺以及铭款方式等方面分析这张琴，认为此非唐制（郑珉中：《论日本正仓院金银平文琴：兼及我国的宝琴、素琴问题》，《故宫博物院院刊》1987年第4期）。只是作为对比的唐代遗存只有十几件，据此实在难以概括唐琴全貌，用来立论，证据未免显得薄弱了。

琴面图案中水边聚会的情形表现特征很明显，因此高罗佩早就指出这是兰亭故事图。但又认为装饰框里的图案是佛教故事，所以断定它制作于北魏。我以为就装饰纹样来说，一派唐风是没有疑义的。游仙、隐逸、被褉，魏晋放旷避世与隋唐诗酒风流在此聚合在一起，有诗情，也有画意，两者似乎都渊源于魏晋南北朝，而又融合了当代创意。"翡翠戏兰苕，容色更相鲜。绿萝结高林，蒙笼盖一山。中有冥寂士，静啸抚清弦。放情凌霄外，嚼蕊挹飞泉。赤松林上游，驾鸿乘紫烟。左挹浮丘袖，右拍洪崖肩。借问蜉蝣辈，宁知龟鹤年。"此郭璞《游仙诗》之一也，而今存他创作的十四首（中有四首为残篇），正是很有代表性的一组。魏晋六朝诗赋里的意象久经发酵，诗情从唐代工匠手底流泻出来，传统的游仙诗意，琴图便得其泰半，不过已转换为隐逸。把它名作高逸图或幽栖图，大约都很合宜。水边景象如高罗佩所说是兰亭故事图或曰上巳禊饮图，而人物造型与诸般物事，竹林七贤图当是它取式的来源之一。琴图中的坐具，所绘均仿若鹿皮之类，与江苏地区四座南朝墓出土竹林七贤砖画，又上海博物馆藏孙位《高逸图》中持麈尾者地衣之上敷设的坐具相同。邓粲《晋纪》："嵇康曾锻于长林之下，钟会造焉。康坐以鹿皮，巍然正容，不与之酬对。"或即因此之故，鹿皮坐具成为这一题材的画作中始终延续的细节之一，亦为幽隐之境的标志，如白居易《秋池独泛》"一只短游艇，一张斑鹿皮。皮上有野叟，手中持酒卮"。辽耶律羽之墓出土七棱金杯、浙江义乌柳青乡游览亭村宋代窖藏中的金花银台盏盏心图案，也均未忽略这一小小的道具。作为来自正仓院宝物之故乡的参观者，与此名琴相遇，眼前不可避免出现的正是这一类"层累的图像"。至于此琴是否合于弹奏，高罗佩所谓"其真正用途并不是用来弹奏，而是作为古玩"，倒是很值得玩味。沈括论及越僧义海的琴技时说道，"海之艺不在于声，其意韵萧然，得于声外"。对琴来说，纵身大化与天地同流的萧然远韵，是比声更重要的内涵。此琴以意象丰盈与制作精好而完成了对琴之精神意蕴的塑造，是否合于弹奏，或者已落于第二义。当然也可以说是我的兴趣到此为止。

　　然而竟有续篇。庚子初冬，与本书作者相聚于京城。虽是初识，却未及寒暄，三句话就聊到正仓院藏金银平文琴。言之未尽，更走笔为文。不日，杨君即以洋洋洒洒数千言的一篇"正仓院藏金银平文琴现场观摩记"相示。文曰：这是一张完全符合演奏要求的古琴，且制作水平相当高超。第一，从正仓院提供的官方信息来看，东大寺里有五根琴弦，但无法判断是否一定属于金银平文琴。本次展览，上述五根琴弦并未出现。然而值得注意的是，这张金银平文琴的岳山上，有非常清晰的、曾经安装过琴弦并弹奏过的痕迹，亦即岳山上清楚现出琴弦的压痕，一弦、二弦、六弦，尤为明显，并和弦眼对应。这是非常精准的演奏用弦的位置。如果它是一张纯粹的观赏琴，则琴弦仅为装饰之用，安装的时候便无须紧绷到合适的音高，自然不会在岳山上形成压痕。另外，若琴弦静止于古琴，而没有受到弹奏产生的振动，则真正受到张力的部位是岳山的垂直立面和岳山圆棱。但是很显然，金银平文琴上的弦痕位于岳山的正上方和岳山圆棱上，这是要在保持相当的琴弦张力的前提下，通过弹奏振动琴弦才会产生。不过金银平文琴毕竟是天皇御用，实际演奏的机会必不会太多，因此在龙龈、琴尾以及龈托位置，并无琴弦磨损痕迹。第二，轸池板是重要的古琴构件，它的磨损状况，直接反映古琴的使用程度。从金银平文琴的现状来看，尽管很少上弦演奏，但当年琴轸旋转调弦所产生磨痕，千载之下，依然可见。此外还有几点，即护轸的做法非常标准；琴面的前后弧度符合演奏要求；岳山与龙龈的造型都很合理；承露上的七个弦眼也做得非常好。以上几项，均属单个构件的外在特征，衡量一张古琴究竟是否为演奏而生，尚有更重要的指标，便是琴面左右的"下凹弧度"、"低头"以及与"岳山"高度这三者的配合。换句话说，制作一张可以从容弹奏的好琴，需要一套解决琴弦和琴面高度关系的综合平衡方案。而金银平文琴恰恰全部做到了。事实上，能够达到这样综合水平的古琴是有一种特殊气质的。这种气质，在我这样的古琴研究者、演奏者、制造者眼中，一下子就可以捕捉到。因此我以为，它的制作，必有优秀的古琴演奏家共同参与，或者制琴者本人即娴于操缦，如此方能完成这一件杰作。

诚如杨君的自我定位，作为古琴研究者、演奏者、制造者，自然有叩问其奥的底气。我相信他对金银平文琴的论断，也欣喜于我们以此琴为缘的相识。《中国古琴传统制作艺术》是作者有志于古琴事业的三部曲之一，书成，问序于我，因有"琴缘"在先，遂不敢辞，乃书前后故事于上，聊以应命焉尔。

庚子葭月初吉

前　言

这是一本详细阐述中国古琴传统制作和修复艺术的图书。

古琴位列中国"琴棋书画"之首，也是世界级的非物质文化遗产，弹奏古琴是中国古代士大夫必备的修养。古琴的传承不但体现在古琴演奏艺术上，而且体现在制作技艺上。自唐代开始，古琴制作便迎来高峰。一千三百多年来，唐、宋、元、明、清历代制作的许多古琴被鲜活地传承到当代。其中，气象万千的唐代古琴形制和制作工艺被完备地传承下来。当代的古琴制作家仍然在使用这些材料和工艺来制作优秀的古琴。

然而，从古到今，有关古琴制作和修复的著述或典籍并不多见。中国文人历来更加重视道德文章，流传的诗词歌赋汗牛充栋。即使是对于艺术的追求，士大夫对金石书画的重视，也要远远高于技巧、技艺类的内容。正如唐代大文豪韩愈在《师说》所写："巫医乐师百工之人，君子不齿。"因此，虽然中国历史上历来不乏优秀的器物类艺术作品，但这些艺术作品背后的能工巧匠能够流芳百世或留下系统性传世著作的，寥若晨星。

宋代苏东坡有一篇著名的游记叫《石钟山记》，里面记载了探寻"石钟山"名称由来的故事。在江西鄱阳湖畔有一座"石钟山"。大家都不知道它名字的由来。元丰七年（1084年）六月，苏东坡送长子苏迈赴任，正好经过此地。于是，父子夜游"石钟山"。经过现场仔细探寻观察，最终找到了古人将此处命名为"石钟山"的缘由。对此，他感慨道："士大夫终不肯以小舟夜泊绝壁之下，故莫能知；而渔工水师虽知而不能言。此世所以不传也。"

苏东坡的感慨同样反映出中国历代技艺传承的真实状况。一方面，一线的劳作者具备精湛的制作手艺，了解核心技巧。但是，由于文化水平不高，无法用文字记录和表达。另一方面，士大夫们通常不直接动手，难以掌握第一手资料，缺少实践支撑。因此，再好的技艺也很难被系统性地传承，遑论形成理论体系。其中，也包括中国古琴的制作和修复。

历史表明，盛世易出好琴。且一张好的古琴是多学科完美融合的产物。当下，时移世易，国运益盛，中国古琴艺术正迎来新的机遇期和发展期。因此，我认为，在当代若希冀制作出优秀的古琴，须从五个方向探索：第一，对历代古琴制作典籍的充分整理和研究；第二，从传世优秀古琴文物中学习古人智慧；第三，对标演奏家的要求，更好地实现古琴的使用功能；第四，合理运用当代技术和设备，科学量化地制作古琴；第五，审美诉求，精湛工艺。

在中国古琴的传统制作中，粗读、细读、精读历代典籍，是重要功课。一般来说，中国古代关于斫琴工艺的记载主要存见于历代琴谱之中，另有一些则为综合类图书之局部章节。后者如先秦《考工记》、北魏《齐民要术》和北宋《梦溪笔谈》等。它们的存在更证明古琴在中国文化史、艺术史之重要地位。

总体来看，宋代之前的制琴文献重"道"，而明清典籍重"术"，它们都是无价的精神财富。当然，历代文献均由文人执笔，因此，有相当比例的内容为文学想象，而非科学实践的结果。此外，历代度量衡不尽相同（在清代著作中已部分解决），且典籍的有效内容体量有限，更多内容是因循抄录，因此，去芜存菁非常重要。

故宫博物院珍藏着数十张唐、宋、元、明、清历代流传至今的88张古琴。传承体系明确，是各个时代古琴文物精品和标准器。从2018年初开始，我有幸参与故宫古琴的研究工作。此间，我切实地感到故宫收藏的历代古琴是制作古琴的最好老师，它们虽然不会与你说话，但的确是制作古琴的最好范本。

同时，古琴作为一件乐器，历代传有许多制作规范。这些规范的初衷首先是为演奏服务。可以这么说，一个不具备足够演奏水平的工匠是无法制成一张好琴的。我是国家一级演奏员，传承当代两位古琴泰斗"南龚北李"的古琴演奏艺术，常年浸淫在虞山派、广陵派的艺术中。因此，从实际演奏功能的角度，对于一张好琴，我有一系列切合实际的要求，并可以此为指导，在制琴过程中不断探究和印证。

另外，作为当代的古琴制作者，我们有机会比古人更多地从科学量化的角度进行古琴制作。例如，应用成熟的ＣＴ、内窥镜，以及电子显微镜等技术设备，运用理论力学、材料力学、结构力学和画法几何等学科内容，可以更好地了解传世古琴的材料、结构、制作工艺，包括琴弦制作，并在古琴制作过程中，实现琴学、音响学、材料学、结构学和美学的高度统一。

这些年来，我陆续申请了数十项和古琴制作相关的国家专利，我的古琴制作工作室也完成了ＩＳＯ国际标准化管理体系认证。这些工作对于传统古琴制作的流程规范化有很大帮助。

综上所述，我深刻感到，若要制作好琴，首重"法度"，犹如书法之道，若无法度，虽湖笔、徽墨、宣纸、端砚，无非"写毛笔字"罢了；次重"和谐"，通过对材料、造型、结构的综合平衡，达到音响学、结构学、材料学之高度统一；再次则为审美。而它们的基础是传统的制作工艺。

众所周知，制作一张好琴殊为不易。传统古琴制作周期为一整年。宋代《太古遗音》有云："立夏后斫其材，秋收后合其胶漆，立冬后当合其身。（次年）春分后以灰五糅。周岁而成琴焉。"同时，根据我的经验，若期望古琴的音色更加松透，则更须大幅延长灰胎（半成品）放置的时日。

故，在我制作的每一张古琴中均包含：1个制作传世好琴的执念，10年制琴实践和原材料积累，100多项制琴专利，1 000多年工艺传承，10 000多小时斫制与等待，100 000多次的精工细磨。

有鉴于此，我希望通过文字，更加精准地将我对古琴制作和修复艺术的理解呈现给世人。在本书中，我将制琴工序顺序罗列出来，每一道工序均按下述"五步法"阐述：

第一，详列该工序所有"注意事项"。

第二，对历代典籍记载内容或故宫古琴文物所体现的关键事项，通过图片和文字形式进行摘录（古籍撷英）、提炼，或提出改良方案。

第三，剩余事项，则根据理论、审美、操作便利，以及个人经验和专利等内容作综合判断。

第四，综上所述，制订施工方案。

第五，制定操作流程，包含如下内容：施工细则；技术图纸和数据；相关工具和辅助工具；验收细则（"施工"和"验收"不尽相同，类似"计算"和"验算"）；半成品和施工的照片；生产制作周期和等待周期。

2018年初，我开始参与筹建故宫博物院古琴馆，一年后古琴馆对公众开放。当时，我与其他主事者一起请示故宫博物院院长王旭东先生。王院长特别叮嘱，要以全力保护并研究故宫古琴。要言不烦，我铭记于心，作为指导行动的指南，这本书可以算作阶段性成果。它是我技艺、审美、价值观和情感交合之心血之作。

最后，我希望它是一本这样的书：正确阐述和传播中国古琴传统制作和修复艺术；古琴爱好者可据此自己动手制作一张真正的好琴；对从事古琴制作的专业人士和后世具有价值。

目 录

第一章
古琴制作概述

第二章
古琴的构造

第三章
古琴制作的准备环节

第七章

配件安装

第八章

古琴制作的几种特殊工艺

第九章

传世古琴修复

第十章
琴坛十友

附　录

后　记

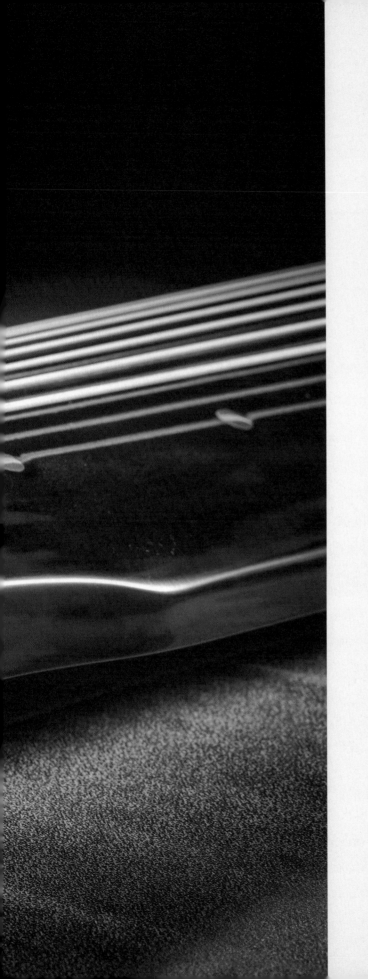

第一章

古琴制作概述

一 古琴制作历史

中国古琴传统制作技艺源远流长。唐、宋、元、明、清历代均有名琴传世。这些古琴不仅是无价的文化艺术瑰宝，还是当代制作者之良师。

文献与考古表明，早在两三千年前的西周至春秋时期，琴和瑟的应用已经比较广泛。《诗经》有云："椅桐梓漆，爰伐琴瑟。"即制作古琴的原材料和工艺是桐木、梓木与大漆。到汉、魏、六朝时期，和今天类似的全箱式、两足式、七根琴弦式的古琴，已出现了琴面镶嵌十三个琴徽。而且，琴人已经将"良材"和"善斫"列为古琴艺术的重要组成部分。

至隋唐时期，无论在数量或质量上，古琴均达到了空前程度。当时，国力强盛，对艺术和乐器的质量提出了更高的追求，于是，留下诸多气象万千的唐代古琴实物。例如：隋文帝的儿子蜀王杨秀，曾"造琴千面，散在人间"。唐代宰相李勉"雅好琴，尝斫桐，又取漆箭为之，至数百张"。唐玄宗时期，四川雷俨曾"待诏襄阳"。其家族有雷霄、雷威、雷珏、雷文、雷会、雷迟等多位制琴圣手。当时，江南斫琴名手还有沈镣、张越。他们的作品均被历代好琴之士珍若拱璧。其中，盛唐雷氏所斫"九霄环佩"古琴，现藏于故宫博物院，被认为是唐琴之中最卓越的代表。

宋代帝王好琴者甚多。宋太宗发明"九弦琴"。宋徽宗"搜罗南北名琴绝品"，专设"万琴堂"以珍藏。宋代以来，官方和民间均大量制琴，分别称为"官琴"和"野斫"。明代内府和王府多集中名工巧匠，规模造琴。如：明代益王造琴、潞王造"中和"古琴，均达数百张。因此，宋、元、明、清传世古琴今存较多。

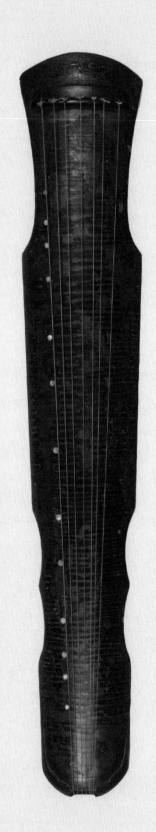

参考图1：故宫藏"九霄环佩"古琴（故宫博物院提供）

二 历代古琴制作典籍

在中国文化中，古琴有三千多年的历史，现存最早的古琴制作范例——唐代古琴至今已有一千三百多年。明代的《永乐大典》和《琴苑要录》中收录了唐代及北宋时期关于古琴制作的相关内容。而现存最早的、专门论述古琴制作的典籍是南宋《太古遗音》中的《斫制卷》。因此，无论是传世的古琴文物，还是历代制琴典籍，都是当代古琴制作者重要的老师。

古琴的制作工艺在唐代初期即臻于完善——当代制琴者仍使用相近似的方式和工艺制作古琴。而关于制作古琴的理论则陆续出现在宋代、明代的文献中，到了清代，基本趋于完善。

相较于浩瀚的古琴谱，直接记录古琴制作的文献较为稀缺。但是历代描述相关制作工艺的文献并不少见，例如在战国时期的《考工记》与北魏时期的《齐民要术》中，均提到关于木材使用的基本原理。宋明时期的《梦溪笔谈》《洞天清录》《天工开物》《长物志》《髹饰录》等典籍中，或有大量关于古琴制作工艺的描述，或专写制琴。由此可见，古琴制作始终是一门显学。

明代印刷术空前发展，出现大量古琴谱。诸多明代皇族热衷于古琴演奏和制作，极大推动了古琴发展。明代所存古琴制作书籍多为唐、宋之前琴谱中关于古琴制作内容的集成之作。通过这些汇编而成的琴谱，我们得以了解唐宋时期的资料。例如,《琴苑要录》记载的唐宋制琴法包括《李勉制琴法》《碧落子斫琴法》等;《永乐琴书集成》记载了南宋杨祖云的《制琴法》等。卷帙浩繁,给我们勾勒出古琴制作世代相传的脉络。

历代古琴制作典籍在不同的历史时期,呈现不同的关注重点。

宋代之前的典籍多以参悟天道为己任,尤其注重法度,力图规范古琴制作之思想构架,而戒恣意妄为。琴人强调:琴为礼器。若无规矩,则不能称其为琴。故,制琴如建造佛像。佛像有佛法,琴亦有琴道,因此,须以物载道。这也是中国古人对世界和宇宙的根本看法。

宋代的典籍已经具备相当的实践意义。南宋《太古遗音》中,已经记录较多关于制作技法的内容。今人制琴,大同小异。例如由取材、合琴、灰法、糙法、煎糙法、合光法、退光出光法、安徽法、制弦、装弦等步骤构成的完整的制琴过程延续至今。

据《太古遗音》记载,当时所有人都觉得唐代雷氏制作的古琴音色绝佳,但不知其所以然。大名鼎鼎的苏东坡也非常好奇,便动手将雷琴的面板和底板剖开,仔细查看。最终,他发现了雷琴中独特的共鸣腔结构,即古琴的腹腔正对两个出音孔的位置,其面板的木头稍微隆起,好像菜叶的形状,如此便可以让声音回旋的出口狭窄,使得琴音在腹腔内保留更长的时间,徘徊成韵。时人终于窥得唐代优秀制琴家的斫琴密码。这则故事也记载于苏东坡的《杂书琴事》。

宋代的石汝砺是典型的古琴制作实践家。相传,他在长期实践过程中,知而能言,对琴的削面、调声之法颇有研究。其《碧落子斫琴法》对古琴面板和底板厚薄匹配的比例,以及音响效果都有综合比较和描述。

明代的古琴制作典籍更加注重方法论,更加注重古琴制作技术的论述。特别是《永乐琴书集成》《琴苑要录》等相关文献,堪称古琴制作的集大成者。此外,在明代典籍中对关于蚕丝琴弦制作的内容增加了相当大的体量。

古琴列于"八音之首",历来以蚕丝为弦。虽至近世,民间手艺近乎失传,但只要经典仍在,则文脉仍在。当代许多琴人感慨,日本蚕丝琴弦制作技术自丰臣秀吉时代以来，四五百年传承不息。事实上，中国明代文献中关于蚕丝琴弦之制作工艺的内容已是非常系统和详尽。从辨丝、单根纶数、缠纱法、中减坠子法、打法、煮法、工具、用药等，到配方、规范，不一而足。同时，还附有极其科学的制作工具参考图示。

清代对古琴书籍的编写具有更为优渥的历史条件。由于拥有大量的前代资料可参考，清人既可进行系统化理论架构，又可更多注重技术规范。如《与古斋琴谱》广泛采用立体手绘图纸，标识出各古琴部件、具体步骤和科学量化的方式表达槽腹结构，同时，发明创造了许多实用工具。再如古代"度量衡"并不统一，"一尺"的实际长度在每个朝代不尽相同，在历代文献中，古琴的法度或用汉尺，或用魏尺，而在清代制琴典籍中，已经解决相关问题。同时，清代具有和当代更加接近的语言习惯与测量工具，因此阅读较方便。

总体来说，清代制琴文献内容更为详细、具体，对于制琴方法、步骤及原因，均有更多科学量化的记录。

古琴之道，在于自然万物之融通。一切制琴的规范均应顺应自然。历代制琴师均致力于遵循天道，期冀与天地、自然沟通，顺应季节和气候的变化。

古琴的各部分构造均是古人世界观的体现，就如紫禁城六百年的古代建筑经典，呈现着古人世界观的应用和体现。

紫禁城建筑以五行为基础，中对土，东对木，西对金，南对火，北对水。正如中国的古琴：宫、商、角、徵、羽，对应金、木、水、火、土。在紫禁城构造中，蕴涵北斗七星。而古琴的七根琴弦，亦对应北斗七星。万事万物之道，通过工巧，演变为"八音之首"。因此，古琴的制作艺术传承的是古人对于天地的认知和对宇宙的感应。

《太古遗音》云："轸圆，象阳转而不穷也。"古琴的琴轸象征太阳，周而复始地旋转而无穷尽。"承露"需用枣木（制作），枣木红心，可表衷心；桐木为虚，梓木为实，斫琴选择桐梓，寓意"万物负阴而抱阳，冲气以为和"。

宋代朱长文曾在《琴史》中写道："琴有四美：一曰良质，二曰善斫，三曰妙指，四曰正心。"由此可以看出，古人对于斫琴的艺术性追求，使得"制作古琴"在宋代就成为古琴艺术的重要组成部分。因此，古琴的制作既体现古人的智慧，又充分表达古人对个人、社会和自然的美好寄愿。

早在两千多年前，周代的《考工记》有言："天有时，地有气，材有美，工有巧，合此四者，然后可以为良。"许多时候，置身于千百年传承而来的典籍，沉醉于斫琴的法度和原理，让笔者仿佛穿越时空，回到古代：与古人对话，看他们斫制古琴，奏歌山林。在天地和自然间，顺应四季节气之变化，用天然良材，制作象征天、地、龙、凤、山、水、日、月之七弦古琴，弹奏出表达自己内心的旋律——这是多么美好的场景。

制作良琴既须顺应自然，传承古代法度和技艺，又应结合当代审美和技术，做出自己的面貌，这也是斫琴者一生的追求。

怎样做好古琴 三

古琴传统制作技艺成熟且复杂。根据木胚、髹漆、装配等工艺流程，概括分为木料选材、外观造型、槽腹结构、木胚装配、琴胚裱布、灰胎工序、琴徽安装、髹漆工序、擦漆工序、推光工序、配件安装等十几道步骤。每个步骤包含若干"注意事项"和"操作流程"。总体近百道工序，历时二至三年。

但是，若想制作一张真正的好琴，仅靠正确的数据和工艺还不够。

古琴制作家和工匠的区别，犹如画家之于画匠。画家使用画笔，展现对生命的热爱、对世界的理解、对美的追求。画匠运用画笔，只是表达线条、造型和颜色。两者境界判若云泥。因此，制作好琴的核心前提是理解什么是真正的好琴，然后，使用各种有效的工艺手段去完成。

1. 什么是一张好琴

所谓"好琴"，即"好看、好弹、好听"之琴。

第一个标准：好看。

通过一千多年的传承，古琴形成各种形制。宋代以降的古琴谱中，明确记录古琴形制达数十种。这些古琴的形状和制度，既符合审美要求，又符合声学原理，经过历代制琴家千锤百炼，是大浪淘沙后的精华。

在古琴制作中，工艺精湛至关重要。作品的对称、方圆、曲直，天然材料之美，硬木配件的木质纹理与精美大漆的对比等，都是一张古琴成为艺术作品的重要指标。

第二个标准：好弹。

古琴是一件用于演奏的乐器。古琴演奏指法特别丰富。据笔者师公查阜西先生和古琴家顾梅羹先生共同考证，古今古琴指法名称多达1 159个，明确的减字谱符号有1 070个。尽管大部分为古指法，现今常用仅两三百个，但和其他乐器相比，指法复杂程度仍然惊人。

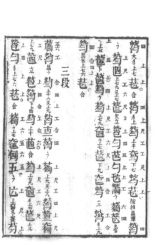
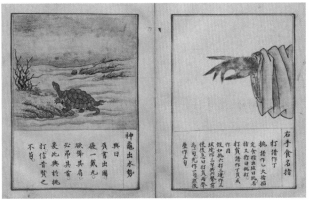

参考图2：《太古遗音》中收录的减字谱图

参考图3：古人画指法图

古琴的泛音特别丰富，琴徽位置和"徽外"的泛音远超100个。而古琴的槽腹结构，以及面板和底板厚度，均直接影响泛音的清晰和准确。

因此，古琴制作的科学性、合理性，不但影响音色，而且直接影响演奏者的舒适度和技巧发挥。例如，"岳山"与琴面高差应超过17mm，即须足够"低头"，才能保证演奏家的手指不触碰琴面；龙龈和琴面的距离应严格控制在1mm—1.5mm之间，且琴面弧度下凹数据要合理和精准，如此方得"下指若无弦，而琴弦不拍面"；琴面的圆拱弧度要合理，若太平坦，则不利于"六弦"和"七弦"高音区域的运指，若弧度过大，从人体工程学来看，将造成演奏一弦、二弦时"按音"困难。

第三个标准：好听。

古琴是音乐的艺术、声音的艺术，"好听"是根本要求。

影响古琴音色的因素很多。

第一，上佳的材料。选材良，用意深，五百年，有正声。相传，唐代雷威趁大雪天去山中择木，通过聆听风雪中树枝拍击、碰撞的声音，判断制琴良材。古人千方百计寻求良材制作古琴，就是为了追求更佳的音色。

第二，合理的共鸣腔结构。古琴槽腹结构的大小、厚薄、造型，以及与龙池、凤沼相对应的两个共鸣腔之间的固定音程关系，槽腹结构的光滑程度，均"牵一发而动全身"。

第三，灰胎的配方。过分结实的灰胎，将造成古琴的金石之声有余，皮鼓之声不足。但是，太疏松的灰胎，不但金石之声缺乏，且声音的结实感与厚度不足。因此，每位高水准古琴的制作家，均有独门的灰胎配方，包括麻布（夏布）的厚度、质地，灰胎中鹿角霜和大漆的比例，灰胎厚度等。

第四，硬木配件架起琴弦。演奏时，琴弦通过"岳山""龙龈"等硬木结构，将振动传递给琴身。因此，硬木配件之材料、纹理、加工精准度、安装稳定程度等，均为影响古琴音色的重要因素。

最后，古琴制作完成后，琴弦、雁足、绒扣和琴轸的和谐程度，都将对音色有重大影响。

制琴者必须真正理解、掌握影响一张古琴"好看、好弹和好听"的根本原因，围绕相关核心问题，更好地运用传统工艺和技法，实现制作一张好琴的目的。

2. 时间的艺术

时间是最公平的，从帝王将相到庶子黎民，时间均一视同仁。古人历来重视时间的力量，孔夫子也在河边感慨"逝者如斯夫"。

制作一张好琴，也需要融入时间的艺术。

第一，制琴前。制琴师多愿寻求足够松透的"老料"，即应力释放充分的材料。若为新伐木料，古人则将其浸泡水中良久，再于岸上沥干；再浸泡，再沥干。至少历经两个寒暑，再置于"烘干窑"中处理。"烘干窑"作业也非一蹴而就。一般先烘干至一定程度，然后喷水，逆向加大木料的湿度；然后，再烘干，再喷水，再烘干。总之，在制琴之前，仅原材料处理，便须耗费大量时光，将"火气"消退。

关于前期原材料的处理，不仅古琴制作如此，其他乐器亦如此。例如，琴箫合奏是中国古代文人音乐的重要形式，箫为"琴侣"。当代中国最顶尖的制箫大师是苏州的邹叙生先生。老先生现年86岁，四年前才正式封刀。三十年前，我初识老先生时，常去他家看他制箫。他总跟我说："做一支好箫，最重要的是高质量的竹子，巧妇难为无米之炊。"当时，很多笛箫均使用杭州出产的竹子制作。但老先生认为，笛子音色高亢、明亮，故须用坚固、密实的材料制作；而箫声呜咽、含蓄内敛，须选择质地较为疏松的竹子作为原料。因此，他认为安徽的竹子表皮黝黑，还常有"黄鳝背"之皮色，竹性、质地均更适合做箫。于是，他总是亲自入山伐竹，将挑好的竹子先烘烤到笔直，再烘干水分，然后长期置于仓库，存放十年以上才取出制箫。十年之后，竹子质地坚硬无比，即使用最好钢口的刮刀，也须运用极

大力气。如此材料，方得好音。制作古琴，异曲同工。

第二，制琴中。古琴在"灰胎"阶段的半成品，若存放更长时间，可以使音色水平大幅提高，就像在传统酿酒工艺中，作为半成品的"基酒"，质量越好、存放年份越长，越有可能勾兑出高质量之成品酒。要制作好琴，囤积大量木料完全没有意义，而须给古琴的灰胎留出更多的时间。又如，刚刚完成烧制的瓷器，和使用同等瓷土、工艺烧制，但经历几百年时间的文物相比，最大的区别在于：文物的"火气"褪尽，气质更加内敛。这是时间赋予的魅力。因此，等待，是古琴制作极其重要、美好，且必须面对的过程。

第三，制琴后。古琴制作完成后，弹奏越久，存放时间越长，音色越松透、圆润。

历经几百年甚至上千年岁月沧桑的传世古琴，特有之高、古、松、透音色，是任何新制古琴无法比拟的。新制作的古琴材料可以更精良、工艺可以更精湛、结构可以更合理，但是，要发出传世古琴的特有"高古"音色，必须"等它五百年"。

更有意思的是，新制的古琴音色在不断变化。在同一时期，使用同样材料和工艺，按照相同周期制作的几张古琴，各琴音色大致接近。然而，过了三五年，或许原先音色并不特别出彩的那张古琴，却可以光彩四射，发出最佳音色，这就是时间的奇妙力量。

无论是古琴制作前、制作中，还是制作完成后，时间永远是成就一张好琴的重要因素。

3. 和谐之美

万物负阴而抱阳，冲气以为和。成就一张好琴还需"和谐之美"。

中国的古人追求中庸，讲究和谐，以和为贵，强调和谐之美。《中庸》曰："喜怒哀乐之未发，谓之中；发而皆中节，谓之和。中也者，天下之大本也；和也者，天下之达道也。致中和，天地位焉，万物育焉。"南宋的《琴史》上说："圣人既以五声尽其心之和。心和则政和，政和则民和，民和则物和。夫然，则天下之乐皆得其和矣。"

这样的审美和价值观也体现于古琴制作之中。古琴制作是科学量化与艺术浪漫之和谐与平衡。例如，灰胎的配方，质地偏坚实，则倾于金石之气；质地偏疏松，则类皮鼓之声。琴弦太高，则"抗指"；琴弦太低，则演奏时易拍击琴面。

齐白石说过："学我者生，似我者死。"艺术的最高境界在"似与不似之间"，因此，取法中庸、综合平衡，是艺术家一生的修养和追求。

4. 自然之美、敬畏先贤、爱的力量

汉代桓谭在《新论·琴道》中写道："上观法于天，下取法于地，近取诸身，远取诸物，于是始削桐为琴，绳丝为弦，以通神明之德，合天地之和焉。"

天、地、自然，永远是一切艺术的初心。

每个人，无论追求何种艺术和生活，终究要和自然结合。要见天地、见自己、见众生。古人运用最天然的木料制作古琴，用天然大漆髹饰古琴，赋予古琴朴素宁静之美，而非过分之繁复和精雕细琢。明代家具以结构为胜，清代家具重视雕饰，而事实上，明代家具之格调远高于后者。古琴制作亦如此。

唐、宋、元、明之历代古琴，皆以肃穆沉静为美。有清一代，整体制琴工艺大幅下落，不仅造型失真，且髹漆黯淡，硬木配件烦琐堆砌，实为狗尾续貂，不足取法。

中国的古琴，长三尺六寸六，代表周天。面板圆拱，底板平直，象征天圆地方。古琴的形制，即为古人世界观、自然观和审美观之综合体现。因此，制作好琴，重在对古人智慧的敬畏。

学习古琴演奏的根本目的，不仅是为了演奏音乐，也是为了在此过程中，发现音乐之美，发现古人智慧，进而激发在生活中发现美、欣赏美和创造美的能力，从而更加热爱这个世界。因此，一定要将"爱"沉淀于制琴之中，方能做出好琴。

斫琴的根本目的，就是用爱，用制琴工艺，去帮助他人弹出自己的心声。当然，很多古琴制作家亦为演奏家。因此，制作出好琴首先能让自己得到满足，让自己弹出"与天地沟通、跟古人对话"的琴声。

由此可见，古人传承至今的制琴艺术，亦是古人对今人之爱。

"大学之道，在明明德，在亲民，在止于至善。知止而后有定；定而后能静；静而后能安；安而后能虑；虑而后能得。""克明俊德。""苟日新，日日新，又日新。"

恪守古法，修炼自我，热爱生命，此谓知本。

清籟

乾隆御賞

調黃鐘誰彈
應宮商清絲秦
曲靜嘯撫
殼想溢著
呂詩正

空山杳歷
半來雖持
開誰

参考图6：杨致俭仿制"清籁"古琴

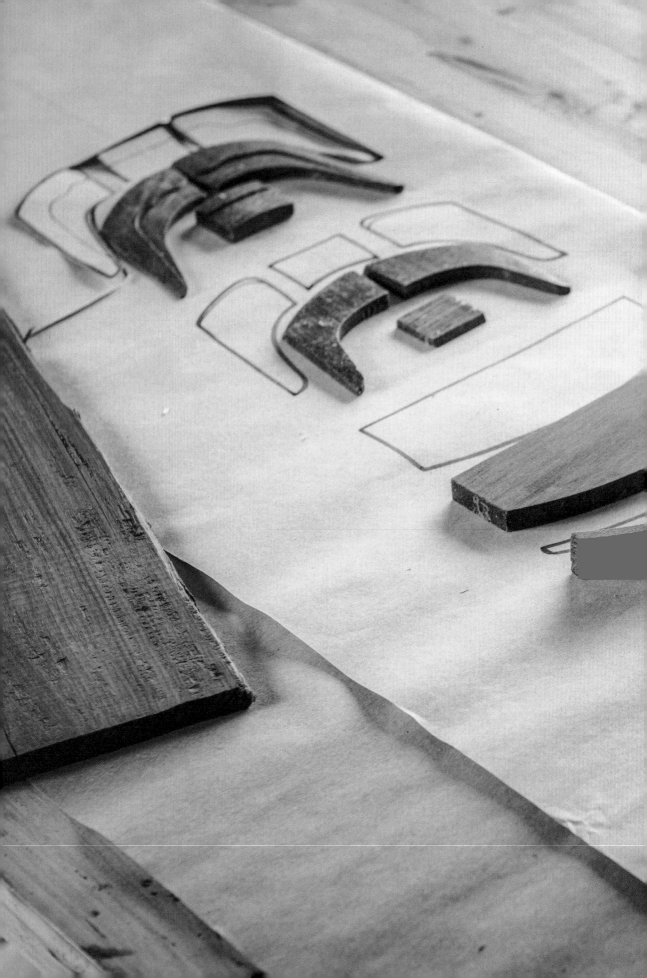

第二章

古琴的构造

一 古琴构造的文化内涵

中国古琴的传承不但体现在演奏艺术上，还体现在制作艺术上。

古琴古朴典雅的造型，是美学和音响学的高度统一。同时，这种造型艺术，本身就熏陶着琴人的修养。

古琴由琴面和底板合制而成。琴面拱圆，是为"天圆"；底板平坦，是为"地方"。天圆地方，阴阳相合。

最初，古琴只有五根琴弦。据《礼记·乐记》载："舜作五弦之琴，以歌《南风》。"五根琴弦既象征着自然界的"五行"——金、木、水、火、土，又象征音乐中的"五音"——宫、商、角、徵、羽，还表示君、臣、民、事、物这五个等级。后来，周文王加一弦，周武王又加一弦，是谓文、武之声，是君臣合恩的化身。七根琴弦张于琴身之上，象征着北斗七星。

传世古琴一般长三尺六寸五分（约120—125厘米），象征一年三百六十五天（也有说法认为，古琴的琴长三尺六寸六分，象征每年有三百六十六天）；宽约六寸（20厘米左右），象征"六合"（东、西、南、北、上、下），容纳宇宙天地洪荒；厚约两寸（6厘米左右），象征"两仪"（阴阳）。十三个琴徽，居中的"七徽"为君，左右各有六个琴徽，象征"六律"和"六吕"。

一张古琴制作完成后，在音色上有三种。其中，泛音代表天，按音代表人，散音代表地，分别象征天和、地和、人和。

古琴上，架起琴弦的地方称为岳山。岳山是整个琴面中位置最高的，形似山之高岭。根据《易经》的理论，山和水必然相互对应。古琴的构造充分体现古人的宇宙观。

水，既是琴轸部位的轸池，也是琴底部的两个音槽，即两个发声孔——龙池和凤沼。山水相映，龙凤相对，便是万象天地。古琴的各个部件名称之中都隐含水元素。如"承露""龙池""凤沼""轸池""足池""声池""韵沼"等。这些用字均和水有关，其使用并非偶然，而是有意为之。依道家思想，"上善若水，水善利万物而不争"。最高境界的善行就像水的品性一样，泽被万物而不争名利。

古琴中有山（岳山）有水（琴弦），体现了中国文人的审美意趣：见山立志，遇水生情；仁者喜山，智者乐水。水发源于山，高山流水，岳山上的琴弦就像条条河流一样流淌不息，到达司水之神——龙的口中（龙龈），经过龙龈后缠绕在雁足上，汇聚于足池之中，然后流向龙池、凤沼，完成一个循环。如此回环往复，体现了《易经》里的太极阴阳转化，生生不息。

如此看来，一具小小的古琴，有天、有地、有年、有月、有山、有水、有龙、有凤、有君、有臣、有文、有武、有时间、有空间。天地之道，万物之和，便是古琴的化身，亦是古琴的精神。

更具深意的是，古琴的形制当中，最有代表性的"仲尼式"以孔子来命名，"万世师表"，旨在用音乐教化人心。如果竖置古琴，可见琴头、琴额、琴身、琴腰、琴尾等各个部分，正是一个人直身而立的形态。因此可以说，整架古琴，就似一个人；而整个世界，又都融合在人身里。琴所表达的融合精神，是中国人理想的道德境界。

"乐者，天地之和也"。在古琴艺术中，以和为贵的德育作用表现得极为充分。中国人弹奏古琴，根本目的就是与天地对话，与古人对话，与自己对话。

所以，"士无故不撤琴瑟"。

一张完整的古琴，包含54个构件（凤舌直接雕刻在琴头的正立面上，不是独立构件）。

表 1：古琴构件表

编号	装配	构件名称	数量	材质
1	面板和底板合起来，构成琴身	面板	1	桐木或杉木
2		底板	1	梓木或杉木
3		岳山	1	优质硬木，如紫檀、大红酸枝等
4		承露	1	同上
5	固定安装在面板上	龙龈	1	同上
6		冠角	2	同上
7		琴徽	13	贝壳、玉或黄金
8	雕刻在琴头的正立面	凤舌	1	不是独立构件
9		轸池板	1	优质硬木
10	固定安装在底板上	龈托	1	同上
11		尾托	2	同上
12		护轸	2	松木
13		天柱	1	和面板材料一致
14	固定安装在腹腔内	地柱	1	同上
15		纳音	2	一般多用桐木，或直接由面板生成
16		琴弦	7	蚕丝或钢丝尼龙
17	后天安装，可以更换	绒扣	7	丝织品或尼龙
18		琴轸	7	优质硬木或玉
19		雁足	2	同上

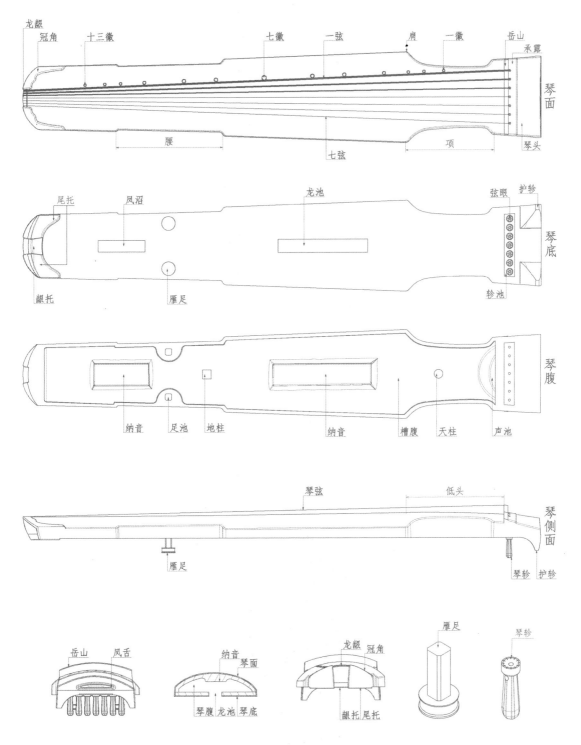

琴面

龙龈
冠角　十三徽　　　　　　　七徽　　一弦　　　　　肩　一徽　　岳山
承露
腰　　　　　　　　七弦　　　　　　　　项　　琴头

琴底

尾托　凤沼　　　　　　　龙池　　　　　弦眼　护轸
齦托　雁足　　　　　　　　　　　　　　轸池

琴腹

纳音　足池　地柱　　　纳音　槽腹　天柱　声池

琴侧面

琴弦　　　　　　低头
雁足　　　　　　　　　　琴轸　护轸

岳山　凤舌　　　　　纳音　琴面　　　龙龈　冠角　　　　雁足　　　琴轸
琴腹　龙池　琴底　　齦托　尾托

参考图7：古琴构件

中国古琴传统制作艺术

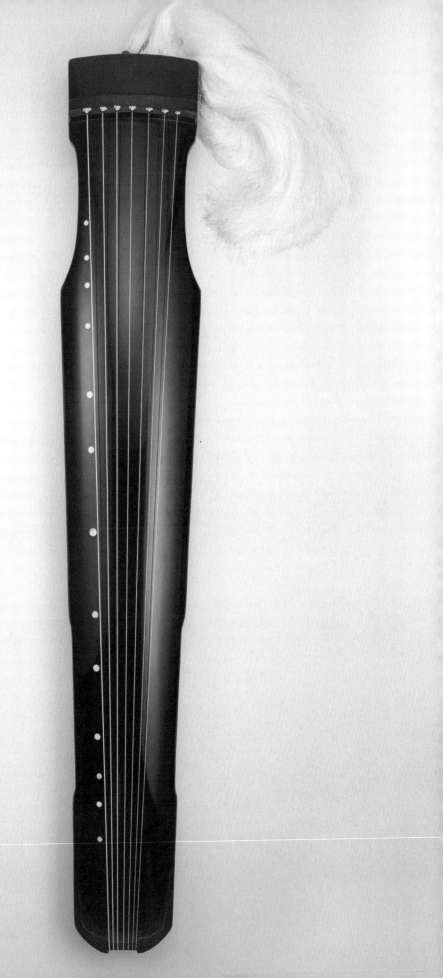

1. 琴身构件

面板：琴身主要构件。负责振动发声，通常使用较软的木料，如桐木或杉木制成。

底板：琴身主要构件。负责振动发声和反射声音，通常使用比面板稍硬的木料，如梓木或杉木。

2. 固定安装在面板上的构件

岳山：琴头最上方称为琴额。琴额下方，用以架起琴弦的硬木，称为岳山。弹奏古琴时，琴弦的振动会通过岳山传递到琴身。因此，岳山一般由优质硬木制作而成。岳山的材质、厚薄，以及关键部位的造型，对音色有直接的影响。

承露：岳山和琴额之间，镶着一根和岳山平行、材质相同的硬木条，称为承露。承露上有七个弦眼，用来穿过连接琴弦的绒扣。岳山像高山一样架起琴弦，琴弦通过蝇头连接绒扣后，绒扣像流水一样，顺着岳山垂直向下，通过弦眼穿透琴身，连接到底板和轸池板上的琴轸。因此，古人称之为承露，大概是承接露水的意思。

龙龈：古琴自腰以下，统称为琴尾。琴尾的正中，镶有优质硬木制作的龙龈，用以架起琴弦。龙龈的功能和材质与岳山相同，是传递琴弦振动的重要构件。龙龈的材质、厚薄，以及关键部位的造型，对音色有直接的影响。

冠角：在龙龈的两侧，装饰着两个对称的冠角，一般使用和岳山、龙龈相同的材料。冠角原则上不参与传递振动，仅具有美观作用。

琴徽：在琴面靠外的一侧（距演奏者较远的一侧），镶嵌、装饰着13个琴徽。这些琴徽一般使用醒目的螺钿制成。古代特别名贵的古琴，甚至会使用黄金、玉石、绿松石等珍贵材料来制作琴徽。

3.雕刻在琴头上方正立面上的造型

凤舌：雕刻在琴头上方的正立面上。其造型好像一个舌头，仅具有美观作用，不影响振动和发声。

4.固定安装在底板上的构件

轸池板：绒扣顺着岳山而下，穿过承露上的弦眼后，先穿过面板，再穿过底板，最终和琴轸相连。为了防止琴轸频繁旋转后对底板的磨损，在底板上需要安装一块轸池板。轸池板的材料一般和岳山、承露相同，而且也有七个弦眼。轸池板和承露的弦眼大小一致、间距相同，上下完全对应。

龈托：在琴尾的正中位置。其中，安装在面板上的是龙龈，安装在底板上的则是龈托。龈托和龙龈材质相同，共同把琴弦的振动传递给琴身。

尾托：在龈托的两侧，还装饰着两个对称的尾托。一般使用和龈托相同的材料。尾托原则上不参与传递振动，仅具有美观作用。

护轸：在底板上，位于琴头位置的两侧，各有一个护轸。护轸的初衷就是保护琴轸。护轸由柔软的松木独立制作，是和底板分开的构件。这样的设计目的有三个：第一，护轸高出底板很多，若用底板木料统一制作，会相当浪费材料；第二，护轸较细，需要按照竖直的纹理来安装，并和底板木材纹理垂直，否则非常容易损坏；第三，万一古琴从高处跌落，可以让护轸脱落，以保护琴身不受更大的冲击。

5.固定安装在腹腔内的构件

天地柱：一般来说，古琴的腹腔内有两根音柱，称为天地柱。

天地柱的作用有两个：第一，上下连接面板和底板，强化琴腔空间结构；第二，

参考图9：古琴腹腔制作

与小提琴的"音梁"一样。天地柱的大小、形状，对古琴的音色有重大的影响（有些古代的古琴并不安装天地柱）。其中，天柱的截面为圆形，位于对应龙池的纳音的上方。地柱的截面为方形，位于凤沼位置纳音的下方。

纳音：一般来说，古琴有两个纳音。纳音位于和龙池、凤沼相对应的地方。纳音可以由面板的材料隆起而直接构成，也可以使用单独的材料。安装纳音的目的是收纳声音，使得古琴腹腔内的振动更好地回旋。但不是每一张古代的古琴都有纳音，而且，不同形制的古琴，纳音的造型、大小和高度不尽相同。

6. 可更换的配件

琴弦：古代用蚕丝制作。蚕丝琴弦声音古朴、内敛，极具文人气息。但是，质量上乘的蚕丝琴弦成本高昂，日常维护困难。中华人民共和国成立以后，吴景略先生等人借鉴小提琴琴弦制成"钢丝尼龙弦"，即内为一根高质量的钢丝，外垂直于钢丝缠绕白色半透明尼龙线制作而成的琴弦。无论是哪一种琴弦，琴弦的一头都要制作蝇头，在岳山上和绒扣相连。琴弦的另一头则绕过龙龈和龈托，最终绑定在两个雁足上。

绒扣：用丝织品或尼龙制成，为多股绞状缠绕。绒扣通过琴弦的蝇头，连接着琴弦和琴轸。当琴轸转动时，绒扣本身的绞状程度发生改变，随之改变琴弦松紧，达到微调琴弦音高的目的。

琴轸：七个绒扣穿过琴身后，连接着七个用来调整琴弦松紧的琴轸。

雁足：在龙池与凤沼之间（更加靠近凤沼，约为琴面的九徽之处）有两只支撑琴体，并且系缚琴弦的脚，称为雁足，因类似大雁的双足而名。

三

古琴的漆面

古琴传统制作工艺中，相当重要的环节就是髹漆。

为了更好地振动发声，需要在琴身外施加传统的大漆工艺。中国的大漆工艺源远流长，有八千年历史。古琴正是有了这种特殊的大漆工艺的保护，才可以流传千年而不朽。

从唐代流传至今的制琴工艺，一般先在木胚外包裹一层麻布，再上大漆和鹿角霜混合成的灰胎，最后施以表漆。如此，整个大漆层的总厚度达2—2.5毫米。

制作古琴时，硬木配件，如岳山、承露、龙龈、冠角等，都不上大漆。大漆和麻布只包裹在软木琴身上。因此，两者要留出合理的高差。

髹漆工艺将在后文中详细讲解。

第三章

古琴制作的准备环节

一 古琴制作空间

古琴制作需要有多种不同环境的工作空间。如用于原材料堆放的自然通风空间，用于半成品存放的养生房，大漆工艺专用的恒温、恒湿的荫房，以及古琴制作完成后的自然存放空间。

1. 材料堆放——自然通风空间

木材要在自然环境中储存，阴凉通风，忌暴晒。

木材要平堆，分层堆放，各层成井字型，中间隔开100—300毫米，底层托板架空，确保堆料各层间的充分通风。

面板——桐木、杉木：分层堆放，各层成井字型，中间隔开300毫米，底层托板架空。

底板——梓木：分层堆放，各层5块叠放成井字型，中间隔开100毫米，底层托板架空。

配件——松木：平堆，每层安置20×20毫米通风条，底层托板架空。

硬木配件用料——硬木：平堆，每层安置20×20毫米通风条，底层托板架空。

施工图 1：面板堆放

施工图 2：底板堆放

施工图3：养生房

2. 养生房——半成品存放空间

制作古琴的原材料中，木料比重比较高。在南方地区制作的古琴，一旦到了北方，非常容易开裂。因此，预防木料开裂是古琴制作过程中相当重要的内容。

北方的空气湿度比较低，空气比较干燥（相对湿度45%—50%），而上海的平均湿度在68%左右。因此，如果在南方地区（如上海）制作古琴，建议设立专门存放木料和半成品的养生房，用来模拟北方环境的温度和湿度。

可通过抽湿机，使空气保持在较低的湿度状态，通常设定的温度为30±3℃，相对湿度为30%±5%。

如此，既可防止南方自然环境中较大的湿度对材料含水率的影响，也使材料在加工的过程中最大限度地适应北方干燥的环境湿度，有效地防止南方的木料到北方后因含水率降低发生变形的问题。

3. 荫房——大漆专用空间

大漆的干燥固化必须在特定的环境中进行。因此，必须事先建设好专用的荫房。

荫房的设计：

温度在25—35℃之间，相对湿度为70%—80%。大漆在这样的环境中才能完成干燥固化。

大漆中的漆酶只有在这样的条件下才能氧化，使生漆涂层固化成膜。这一催干作用与漆酶的活性有关，漆酶的活性受制于气温、湿度及大漆中的酸性物质。

荫房的建设：

（1）荫房面积不宜过大。由于荫房内须保持恒温、恒湿，故在满足功能的前提下，应注意降低能耗。

（2）荫房的地面和四周墙面须贴土砖，保持泼水，使其充分吸收水分，维持空气湿度指标。更规范的做法是，在墙面与屋顶交界处安装一排喷水管，始终保持对墙面土砖喷水。另外，须做好地面防水处理。

（3）荫房的恒温、恒湿可以用空调或者加热器实现。

施工图 4：荫房

4.挂琴——成品古琴自然存放空间

参考图 10：挂琴

古之爱琴者有挂琴的传统，即便不会弹琴，文人也会将房中壁悬一琴视为雅事。宋代诗人舒岳祥有诗："桐木深坑岭，菊田高弟家。闻渠能馆致，去我使人嗟。箬长潜沙笋，兰开傍石花。古琴留挂壁，此意澹无邪。"明代文震亨在《长物志》中说"琴为古乐，虽不能操，亦须壁悬一床"（古人将一张琴称为一床琴），还特别提到"挂琴不可近风露、日色。琴囊须以旧锦为之。轸上不可用红绿流苏"。

今人挂琴可参照古人，不可挂在风吹日晒的窗口处，不可靠近暖气、空调。南方空气潮湿，挂琴时为防墙面返潮，可先做一个挂琴板以隔开湿气，再将琴挂于板上。北方可直接将琴挂于墙上。

可在适当的位置，用膨胀螺栓打入墙体，预留出一定长度的螺栓，螺栓上包裹木料或软布，将琴底板的出音孔（凤沼）挂在螺栓上，雁足要紧贴墙面。琴与琴的槽腹结构不尽相同，一定要适当调试螺栓长度，以使琴能服帖于墙面。

二

材料前期处理

1. 制琴的木料与木料的选择

历代古琴制作首重选择良材。木料质地与音色密切相关。面板宜选天然干燥的桐木或几百年的杉木。底板选用坚硬的梓木。均须纹理顺直、硬度适中，且无疤节和虫蛀。

宋代著名琴家朱长文在《琴史》中将琴的优良品质概括为"四美"——"一曰良质，二曰善斫，三曰妙指，四曰正心"。其中，"良质"就是指优秀的材质，被放在"四美"之首位，可见古人对于选材的重视。

白居易诗云："丝桐合为琴，中有太古声。""丝"指用蚕丝做的琴弦，"桐"指一种木材——桐木。自古以来制作古琴的主要发音部分——琴体，皆选用木质材料。古琴的琴体分为上下两部分，上面为面板，下面为底板，两者合二为一。与底板相接的面板部分，内里需要大面积斫空，以形成发声的共鸣腔体，称之为槽腹。要形成一个合理的发声系统，共鸣腔体的木材密度非常重要。这是构成古琴良好音质的第一要素。在先人的经验基础上，面板要选用比较松软的木材，易于振动发声，如桐木、杉木；底板要选用较为坚硬的木材，如梓木，来反射面板发出的声音。一软一硬，是为一阴一阳，相得益彰。

施工图 5：选料

面板材料
桐木、杉木

《诗经·大雅》中"凤凰鸣矣，于彼高岗。梧桐生矣，于彼朝阳"的描写，成为"凤栖梧桐"之说的最早来历，这也与琴之形为凤身相合。

汉朝的桓谭在《新论·琴道》中说："昔神农氏继宓羲而王天下，亦上观法于天，下取法于地，近取诸身，远取诸物，于是始削桐为琴，绳丝为弦，以通神明之德，合天地之和焉。"桓谭认为最早的古琴是神农氏用梧桐制成的。《后汉书》记载："蔡邕泰山行，见焚桐，闻爆声曰：'此良木也'，取而为琴，是为'焦尾'。"桓谭在《新论》中说："神农黄帝削桐为琴。"《齐民要术》也记载："梧桐山石间生者，为乐器则鸣。"这些记载都说明，古人是用梧桐来制作古琴的。

梧桐，落叶乔木，原产于中国和日本，中国华北、华南、西南地区广泛栽培，尤以长江流域为多。树干挺直、光洁，分枝高；树皮呈绿色或灰绿色，平滑，常不裂。株高3—6米，树皮光滑，片状剥落。梧桐木可用于制作古琴面板，满足"松""透"的要求，利于声音振动和传导。

桐木不止一种，有梧桐、花桐、樱桐、刺桐等几类。梧桐的纹理相对坚韧，因此制琴须用梧桐，其他均不适合。在古代文献中，桐木名称不尽规范，描述含糊，梧桐、泡桐易混称。梧桐木更结实，制成古琴音色更紧致，时间越长声音越有韧劲，不会松垮。而泡桐密度低于梧桐，材质更松软，颜色更白，制成古琴音色不够结实，且随时间流逝，声音愈加松垮。因此，泡桐不可用于制作高级古琴。

据传，唐代制琴大师雷威雪天上山，听风雪间树枝相互拍打所发声响而选择良材。古书记载，他所选木料为桐树，但据今人考证，疑为四川所产大型云杉，至今未有定论。唐代历史久远，且古人对植物命名的随意性和文学性较强，此处所举仅供参考。

已经做过干湿稳定性处理的木材，泡过水后发紫、发黑。桐木以时间越久越好，年久则木液已尽，音色更为松透。假如在空旷、清幽、萧散之地，不闻尘凡喧杂之声，又经风吹日晒，取来制琴，则古人认为可与造化同妙。老梧桐要是紫色透里，全无白色，其纹理也更为细密，则是制琴最佳选材。

在选择梧桐时，应选用纹理顺直、宽度均匀、硬度适中、无结疤和虫蛀等缺陷的木料。可选四川梧桐，其色浅，带白色麻点，木材纹理舒朗；也可选河北梧桐，质更紧密，颜色偏褐，有棕褐色或深褐色的点状斑点，纹理更清晰。

板材尺寸：1300mm×250mm×55mm。

挑选要求：无虫洞、结疤为最佳，木材含水率20%左右。

杉树，属松柏目，杉科乔木，高达三十米，胸径可达两米半至三米。

可用于制作古琴面板。挑选经验：老杉木黄色发红或白色发黄（新杉木发白），年份越久越偏红色，水分少，变形率小，耐腐。山石地比平原好，朝阳面比朝阴面好。现有产地：安徽、武汉较好。红心杉木比较好，香杉一般三十年能成材，直径约十米。

板材尺寸：1300mm×250mm×55mm。

挑选要求：无虫洞、结疤为最佳，三十年以上老杉木，含水率20%左右。

底板材料
梓木

梓树，樟科、檫木属落叶乔木，树皮幼时黄绿色，平滑，老时变灰褐色，呈不规则纵裂。木材浅黄色，材质优良，细致，耐久，用于造船、水车及上等家具。

梓木有楸梓、黄心梓两种。楸梓锯开，色微紫黑；黄心梓的纹理很细。可以用来做琴底板的，一般是楸梓，黄心梓不适用。做琴底梓木最好在百年以上，年份越久越好。锯开后用指甲掐，坚不可入的为上等料。老梓木比新梓木脆，刚开采的梓木含碳量高。老梓木呈黑紫色，现有国家林场，江西、湖南、安徽的品质相等。国家林场的梓木二十年至三十年成材，木材直径十米。野生梓木三十至四十年成材，直径六米多。

古琴底板一般选用梓木，相对"坚""实"，利于声音反射。挑选经验：木质纤维发黑为佳。

板材尺寸：1300mm×250mm×16mm。

挑选要求：无裂缝，三十年以上，含水率小于15%。

配件材料
优质硬木

与古琴琴体相连的几个关键部位起到承受古琴琴弦张力的作用，包括承露、岳山、龙龈、龈托各一个，冠角、尾托各两个，还有轸池板。这些部位的配件共有九个。

这些配件的主要作用是承压，必须用坚硬材质来制作。为了同时兼具美观的效果，自古多数采用坚硬的木质材料，例如紫檀、红木等。

古琴配件中还有九个小部件相连，起到连接琴弦、调整音高的作用，它们分别是安装在琴腰附近的雁足两个，在承露之下、可以转动调节音高的琴轸七个，合称"九件套"。其中，雁足还具有加高琴体、便于弹奏的功能。"九件套"也需要承受琴弦的张力，要选用硬度相对较高的材质。和上述配件一样，"九件套"的选择也要同时满足美观的要求。也有完全使用玉料来制作配件的。

硬木的种类有大叶紫檀、小叶紫檀、酸枝、血檀、菠萝格等。

板材尺寸：硬木圆木或方料，580mm×140mm×12mm；580mm×140mm×28mm。

挑选要求：无裂缝，含水率小于15%。

护轸材料
松木

护轸一般选用软木（松木）制作，其主要功用是在古琴遇到磕碰掉落时吸收外力，在一定程度上保护琴轸和琴的主体不受更大冲击。

松树，是一种针叶植物，具有带松香味、色淡黄、结疤多、对大气温度反应快、容易胀大、极难自然风干等特性。故需经人工处理，如烘干、脱脂去除有机化合物，漂白统一树色，中和树性，使之不易变形。古琴的护轸使用松木条手工制作而成。

松木基本是在林场里野生的。二十五年至三十年以上成材，直径可达五十厘米。国产的松木有东北红松、大王松（白松）、樟子松（马尾松）。樟子松树干分叉结疤少，抽条长，一般十五米成材。

板材尺寸：松木饼直径450mm，厚度60mm。
挑选要求：无裂缝、无空洞，含水率20% 左右。

《诗经·鄘风》中写道："树之榛栗，椅桐梓漆，爰伐琴瑟。"可见在春秋战国的时候，就已经用梧桐、梓木制作琴瑟。

当然，古人制琴，并不拘泥于古法。也有不少琴家采用陈年古杉木制琴，如庙宇老屋之梁柱，制琴后音色苍古松透。

在木料选择过程中，可以遵循如下规则：

可以通过年轮来分辨树干部位，靠近根部的年轮呈不规则圆圈状，越是靠近树梢越是呈规则的圆圈状，年轮密比年轮稀好。

土壤养分少，树木长得慢，但是，长得结实，木质紧实，含水率相对较低。

从广义上来讲，黄土地、山石地比红土地、黑土地好。

要选择纹理顺直的木材。相对来讲，木材中段木质密度更稳定一些，更适合做古琴，其变形率低，稳定性高，顺直开料，主树干成材，根部比树木中段好，树杈不能做古琴。从外观来讲，越是接近根部方向的材料，越没有分叉树枝的结疤，越是靠近树梢的地方，分叉结疤越多。

2. 木料烘干

干湿度对木料稳定性和古琴音色的影响

木料在加工前，最重要的工作是烘干。只有足够干燥的木料，才能保证更好的稳定性。

干湿度环境对木材的影响很大。一般来说，木材遇到特别干燥的环境时，变形较大，容易开裂，而遇到潮湿环境时，则变形较小。但是，成品古琴若在特别潮湿的环境中，声音容易发闷。因此，最好使古琴始终处于比较稳定的干湿度环境中。

中国的南方地区总体来说比北方地区潮湿。在北方地区制作的古琴来到南方后，总体上不会有大的问题。但是，有时候在刚开始的几天里，古琴的声音或是不太容易发出，或是不够清亮，余音也不够绵长。

反之，南方地区制作的古琴若来到北方，则其容易开裂。所以，在南方地区制作古琴，尤其须注意木材干湿的预处理。

木料烘干注意事项

木料烘干的预处理应该遵循循序渐进的原则。

一般来说，南方地区自然保存状态下的木材含水率约为20%。经过烘干预处理后，最终目标木材含水率应为8%—9%。

木料烘干的过程最好不要一次完成，分成两个阶段完成会更加稳妥。因为将含水率20%的木料快速烘干到8%—9%，材料极易开裂。小火慢煲更加稳妥，而且效果稳定。

因此，可以先将木料的含水率一次性烘干到14%左右。再将木料放置在养生房内进行足够周期的休养生息。然后，再进行第二次烘干处理。最终，将含水率下降到目标数据，即8%—9%。

要始终重视养生房的作用。任何木制品的构件，无论是面板、底板，还是硬木配件，除了实际加工的时间段之外，都应该长期在养生房中保存。

面板、底板的木制品构件一旦完成制作后，必须立即刷防潮大漆，如此，才能及时封闭木料的毛孔和纤维，使得木料无法再次吸收空气中的水分。

软木烘干

（1）传统的烘干窑和"微波烘干设备"

古人使用烘干窑，达到烘干木料的目的。在烘干窑中，应不断地使用暗火熏烤木料，当木料脱水到一定程度后，再向木材上喷水，再熏烤。如此反复多次，直至木材内外都达到均匀干燥为止。

古人对于木料的处理不但包括脱水，还为其脱脂。通常的做法是，先将木料放置于水中，浸泡数日，再将其竖直沥干。此时木料的纹理纤维和水流的方向一致，沥出的水中包含许多油性物质，也就是说，木材纤维中含有的油脂也跟着水流一起离开了木料。

因此，有的时候，古人为了达到更好的木料处理效果，会用更长的周期进行木料处理，即将木料浸泡在水中，使之彻底吸收水分，然后竖直沥干，然后又重新浸泡在水中，再竖直沥干。如此循环往复，需要经过两个"伏天"（即两整年），才认为这些木料的木性得以充分释放，之后，再送进烘干窑，进行正常的烘干程序。如此，可保万无一失。

当代，我们可以用微波烘干机完成木料的烘干程序。一般的微波烘干设备对于厚度6厘米以下的木材，都可以均匀地烘干。

微波干燥，是一种材料内部加热的方法。湿木料处于很快的振荡微波高频电场内，其内部的水分子会发生极化并沿着微波电场的方向整齐排列，而后迅速随高频交变电场方向的交互变化而转动，并产生剧烈的碰撞和摩擦（每秒钟可达上亿次），一部分微波能转化为分子运动能，以热量的形式表现出来，使水的温度升高而离开物料，从而使物料干燥。也就是说，微波进入物料并被吸收后，其能量在物料内部转换成热能。因此，微波干燥是利用电磁波作为加热源、被干燥物料本身为发热体的一种干燥方式。微波干燥的方法从根本上解决了木料烘干过程中"外干内湿"的问题。

传统的"烘干窑"之所以需要反复使用小火烘烤和喷水处理，是因为希望达到里外一致的烘干效果。而微波烘干设备最大的优势就在于，通过加工参数的设定，直接就能达到里外一致的烘干效果。因此，可以认为现代技术改进了传统工艺。

（2）微波烘干机的使用

制作加工前，木料要进行干燥处理。软木使用高频干燥机与微波干燥机烘干。

桐木、杉木烘干

桐木、杉木尺寸：1300mm × 250mm × 55mm。

桐木、杉木，木料储存至自然含水率小于15%，进行高频烘干（第一次烘干）。

木料送入高频烘干机中的码放方法

• 每层码放8片（1300mm×250mm×55mm），每4层由铝片隔开（一共10层），升温时每小时上升2—3℃，至65℃。

• 连续烘干2天（48小时），烘干后含水率为8%。

• 木料烘干后自然环境存放，在阴凉通风处，最短存放2天。

梓木烘干

梓木尺寸：1300mm × 250mm × 16mm。

梓木木料储存至自然含水率小于15%，进行高频烘干（第一次烘干）。

施工图 6： 梧桐木高频烘干

木料送入高频烘干机中的码放方法

- 每层码放8片（1300mm×250mm×20mm），每12层由铝片隔开（一共30层），升温时每小时上升2—3℃，至65℃。
- 连续烘干2天（48小时），烘干后含水率为8%。
- 木料烘干后自然环境存放，在阴凉通风处，最短存放2天。

松木烘干（微波烘干机）

松木饼尺寸：直径450mm、厚度60mm。

松木木料储存至自然含水率小于18%，进行微波烘干。

木料送入高频烘干机中的码放方法

- 入烘干机时，两块相对单层码放，上面用压条固定。
- 分5阶段升温，每阶段100分钟。
- 连续烘干2天，烘干后含水率为8%。
- 烘干后及时送至养生房，平堆，底层托板架空。日期、含水率标记在材料上。

硬木烘干

（1）硬木烘干的特殊性

优良质地的硬木的木性更大。在古代，南方地区出产的高质量的硬木一般都通过水运到达北方。有些木性特别厉害的木料，不但会开裂，而且还会扭曲，甚至有些可以产生180度的扭转。越是质地优良、坚硬的木料，其加工难度越大，变形和扭转的程度越大。因此，需要进行特殊的处理。

和软木相比，硬木不但需要烘干，还要进行煮蜡。只有通过木材煮蜡工艺处理后，硬木才能真正实现防止开裂和变形。

煮蜡工艺的原理是：将蜡的原材料通过高温加热，变为"蜡蒸汽"；在硬木完成烘干的同时，将高温的"蜡蒸汽"注入木料的纤维肌理之中；当温度下降时，"蜡

蒸汽"凝固，并完全渗透和填充在硬木的纤维之中，形成保护结构。由此，既可有效控制硬木的含水率，又使硬木不易再发生膨胀或收缩现象。

事实上，木材的烘干和煮蜡处理的技术已经非常成熟，并广泛使用在家具、装修等各个领域。但是，由于成本的原因，一般的古琴制作工作室无法达到一定的产能和销量，因此，很少引进整套的木料烘干和煮蜡设备。

在整个古琴制作过程中，软木将通过大漆进行包裹，而硬木将直接裸露在空气之中。因此，硬木的煮蜡技术对于古琴制作尤其重要。

（2）硬木烘干设备的使用

硬木尺寸：580mm×140mm×14mm；580mm×140mm×28mm。

硬木脱脂，将板材放入55℃的水箱中浸泡5天。

出水后板材储存至自然含水率小于20%，进行微波烘干。

入烘干机的码放方法

• 三列双层码放，上面用压条固定。

• 分5阶段（40℃—45℃—50℃—50℃—55℃）升温，每阶段100分钟。

• 连续烘干1天（24小时），烘干后含水率为8%。

• 烘干后及时送至养生房，平堆，底层托板架空。日期、含水率标记在材料上。

施工图8：硬木配件放入煮蜡机

硬木配件真空煮蜡干燥处理：

第一步，将硬木配件装在框中，放入真空煮蜡机。

第二步，开启真空键，温度设定为70—105℃，煮蜡时间为48小时。

第三步，煮蜡结束取出时，在蜡液未冷却状态下及时擦干蜡液。

3. 面板多拼工艺

利用现代 X 光透视技术，我们了解到，从唐代开始，历代传世古琴的面板多采用多拼工艺。古人使用多拼工艺制作古琴面板的原因有两个。其一，优良的木料难得；其二，多拼工艺对面板的稳定具有重大作用。

一般来说，古琴面板的原材料厚度为5—6厘米。为了形成共鸣腔，须将面板挖出槽腹，形成中空状态。而且，此中空的结构是一个不均匀的拱面。而天然材料构成的异形拱面结构要保持稳定是非常困难的。

因此，在制作古琴面板时，即使木料足够大，也建议将之锯成三条，并将中间的木料前后对调。如此，中间那条木料的纹理就与两边的纹理方向正好相反，所产生的应力正好与两边的应力对冲。若整块木料上的应力能够平衡，拼接黏合后，古琴面板的整体变形量就会被控制在最小的范围内。

4.木工机械和"纯手工"

在对木料进行粗加工和拼板的过程中，经常需要运用当代的木工机械。由此，产生一个问题，即使用机械加工的古琴，是否会影响古琴制作的艺术性。

要回答这个问题，我们先来看一下另外一个问题。

砍倒一棵桐木，古人使用斧子，当代人使用电锯。那么，使用电锯砍下来的桐木制成的古琴，是否就不是艺术品，而是工业产品呢？显然，这样的观点是站不住脚的。

我们再来举一个例子：百衲琴。

古人喜欢制作百衲琴。百衲琴的面板由200块左右的六角形木料构成。古人制作百衲琴有可能是因为好的材料难得，也有可能是认为百衲面板的结构更加有利于声音的传导，又或许是古人认为使用不同的材料，可以相互对冲应力，从而达到使材料更加稳定的作用。但是，还有一个重要的原因就是：炫技。

对于古人来说，制作200件完全相同的六角形木料是非常不容易的事情，是一种非常高级的工艺。但是，同样的事情，到了当代，使用平刨和压刨设备，可以精准地控制面板的两个平行面。而使用平行锯，则可以精准地控制角度、切割木料。因此，要制作百衲面板简直是举手之劳。

再譬如，当代高端品牌的机械手表需要依靠高精度的数控机床制造数以百计的高级零部件，再由经验丰富的制表师进行后期组装和调试。如百达翡丽5175手表在方寸之间，机芯零件有1 366个，仅表壳就有214个零件，而一般普通手表的表壳零件只有几十个。更加夸张的是，这只手表的研发和组装打磨，需要大概花费十万个小时，需要多位各工种的高级制表师，花费十几年的时间去完成。这就是艺术的力量。

施工图 9：百衲面板切割

正是有了这些精密机床，手表的零部件才可以制造得非常精细准确。然而，最终大家都认为这些高端的机械手表依然是手工制作的艺术珍品。其中最重要的原因就是：一旦脱离制表师的手工装配过程，作品就无法完成。

艺术品和工艺品最大的区别在于"艺术家"。凡是离开艺术家本人也可以完成的作品，就是工艺品。必须是艺术家本人参与才能完成的，才是艺术品。因此，使用更方便、精准的工具，实现制作古琴的初衷，丝毫不影响古琴制作的艺术性。

5. 木料的加工与黏合

当代的木料黏合剂是白胶。古人一般使用大漆和胶黏合。中国有一个成语"如胶似漆"，说明中国的大漆不但具有装饰性，还有非常大的黏性。

虽然大漆和胶都是重要的黏合材料，但两者性能不尽相同。如果使用大漆作为木料的黏连剂，则一旦黏合，木料之间不可再次分离，除非将木料破坏。而无论是使用动物胶还是植物胶来黏合木料，只需要用高温开水浇灌，胶就会软化，木料之间就可以重新打开。

在古代，高级的硬木家具原材料非常珍贵，甚至过了几十年，家具破损了，人们还希望将原材料保留，"老料新做"其他物件，以期重复使用原材料。因此，一般高级硬木家具都使用榫卯结构，也就是不用一个铁钉，全部用胶来黏合。当时，只有普通家具，也就是俗称的"柴木家具"的原材料不会被反复利用，多用大漆黏合，施工也更为简单。

在古琴制作的过程中，最重要的是材料黏合的稳定度。所以，所有木料断面的黏合都强调使用大漆，须注意如下事项：

第一，全部使用大漆黏合。天然的大漆和将来的裱布、灰胎中的大漆材料是相同的，可以保持材料的一致性，使结构更加稳定。

第二，大漆作为黏合剂，加入适当比例的面粉，可以大幅提高黏度。

面板粗加工

- 将面板槽腹面在平刨机上刨平，作为基准面，平整度误差小于0.5mm。

- 用带锯、导向锯开料，将板材开成板条，三拼料尺寸：

  1300mm×80mm×55mm。

- 黏合面平刨至平整。

- 拼板前排板，注意截面纹路选择（利用应力对冲原理）。

- 大漆胶配制，一次配制量使用30分钟，刷大漆胶，板条胶合面满刷，涂刷均匀，
  无遗漏面。

- 板条黏合，用夹具紧固，用木槌适当敲击至板面平整。送荫房竖直放置，存放
  ≥2天。

- 拆夹具，平堆，底层托板架空。在自然环境中存放，保证阴凉通风。

施工图 10：将板材槽腹面作为基准面刨平 | 施工图 11：板条胶合面刷大漆胶

施工图 12：面板用夹具紧固

底板材料粗加工

- 用导向锯开料，将板材开成板条，三拼料尺寸：1300mm×80mm×16mm。

- 黏合面平刨至平整。

- 拼板前排板要注意截面纹路选择（达到应力对冲的目的）。

- 漆胶配制，一次配制量使用30分钟；刷胶，板条胶合面满刷，涂刷均匀，无遗漏面。

- 板条黏合，用夹具紧固，用木槌适当敲击至板面平整。送荫房竖直放置，存放≥2天。

- 拆夹具，平堆，底层托板架空．在自然环境中存放，要阴凉通风。

硬木粗加工

- 将材料锯成板材，板材各尺寸规格：

  普通原料：580mm×140mm×14mm。

  承露原料：580mm×140mm×28mm。

施工图 13：底板胶合面刷大漆胶 ｜ 施工图 14：底板用夹具紧固

6. 拼板二次烘干

木料拼接完成后，还要进行第二次干燥处理。

面板拼板的二次烘干（微波烘干机）

- 拼板储存至自然含水率小于9%，进行微波烘干。
- 每层码放6片，2层（共12片），分5阶段升温，每阶段100分钟，连续烘干2天（48小时），烘干后含水率为6%。
- 日期、含水率标记在拼板上。
- 烘干后及时送至养生房，平堆，底层托板架空。

底板拼板的二次烘干（微波烘干机）

- 拼板储存至自然含水率小于9%，进行微波烘干。
- 每层码放24片，2层（共48片），分5阶段升温，每阶段100分钟。
- 连续烘干1天（24小时），烘干后含水率为6%。
- 日期、含水率标记在拼板上。
- 烘干后及时送至养生房，平堆，底层托板架空。

第四章

木料加工

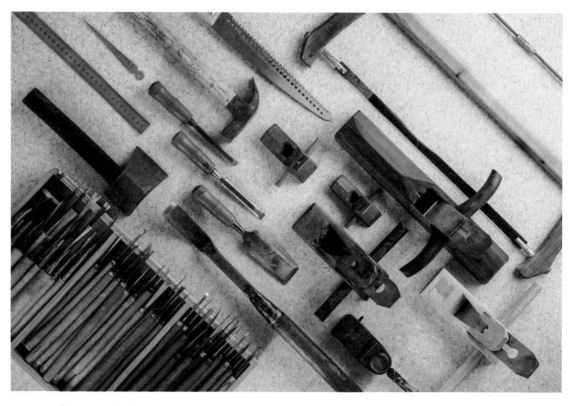

施工图 15：各种工具

木工工具

锯子、刨子、斧子、锤子、凿子、圆弧凿子、铲刀、刻刀、尺子、塞规、钳子、锥子、螺丝刀、剪刀、美工刀、刷子、梳子、游标卡尺、直尺、楔形尺、画线笔。

① 面板粗加工

面板拼板尺寸：1300mm × 240mm × 55mm。

木料标记的含水率小于8%。

平刨

- 挑选拼板中部板条的内圆面做琴槽腹面。
- 将琴腹腔面用平刨机刨平，作为基准面 A。
- 基准面 A 平整度误差小于0.5mm。

压刨

- 将基准面 A 朝下，琴面在压刨机上刨平，作为基准面 B。
- 基准面 B 平整度误差小于0.5mm。
- 两个基准面相对误差小于1mm。
- 面板成品拼板厚度必须大于50mm。

施工图 16：面板拼板平刨

施工图 17：面板拼板压刨

施工图 18：面板造型

②

面板的造型结构

古琴的造型称为形制，即规范的形状制度。自南宋《太古遗音》以来，各类琴谱记载多达数十种，并根据不同形制命名为伏羲式、仲尼式、师旷式、连珠式、落霞式等，其中唐代以前均取自圣人先贤之名，宋代以降，多以自然造型命名之。

本书选取仲尼式作为样本，原因如下：

第一，唐之所传古琴中，仲尼式虽不多，却早在唐代就已出现，其历史悠久、式样经典处，当为举例之典型。

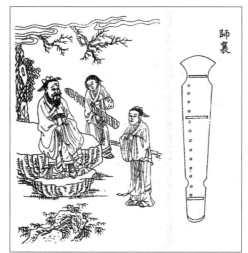

参考图 11：《太古遗音》中收录的古琴形制

　　第二，仲尼即孔子，乃中国万世之师表，除兴办私学、广收门生，被后世奉为至圣外，仲尼本身即为古琴大家。《史记》中载"诗三百篇，孔子皆弦歌之"，可见孔子对礼乐治国的重视。在向师襄学琴期间，孔子更是学习周文王生平事迹，身体力行地将道德与音乐学习充分融合、演绎，制礼作乐，崇"雅"黜"俗"。此外，相传由孔子所谱写的《获麟操》《幽兰》等，皆是古代极为著名的古琴曲。不得不说，孔子举足轻重的历史地位及其在古琴上的深厚造诣，让仲尼式显得重要非凡。

第三，仲尼式古琴大小适宜，气质沉静。尽管古琴形制大小都是三尺六寸六（约122厘米），但就实际器型而言，伏羲式古琴较厚重宽大，多为男子所用，蕉叶式秀气精致，更适于女子弹奏，而仲尼式恰到好处，男女皆宜，符合儒家之"中庸"思想。

　　古琴制作是一门千变万化、因地制宜的综合学问。它需要审美，需要对结构的理解，需要高超的演奏技艺。它还需要对已经完成制作的古琴进行长期的观察。观察它们长期和空气接触、经常弹奏之后，音色所发生的各种变化。只有如此，才能总结更多的内在规律，最终，对将来的古琴制作有更大的反哺。

　　在古琴的制作过程中，面板造型是对古琴音色影响最大的因素，涉及共鸣箱的大小、造型、结构、板壁厚度等一系列重要指标。因此，在历代的古琴典籍中，描述了大量尺度规范和工艺要求。但是，其间也存在不少问题。由此，笔者综合历代古琴制作典籍的文字记载，并结合故宫博物院传世藏琴的实际尺寸，对于古琴面板的制作，制订如下范本和加工规范，以供大家参考。

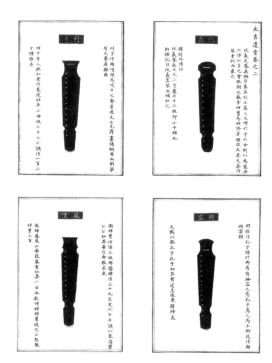

参考图12：《太古遗音》中收录的古琴形制

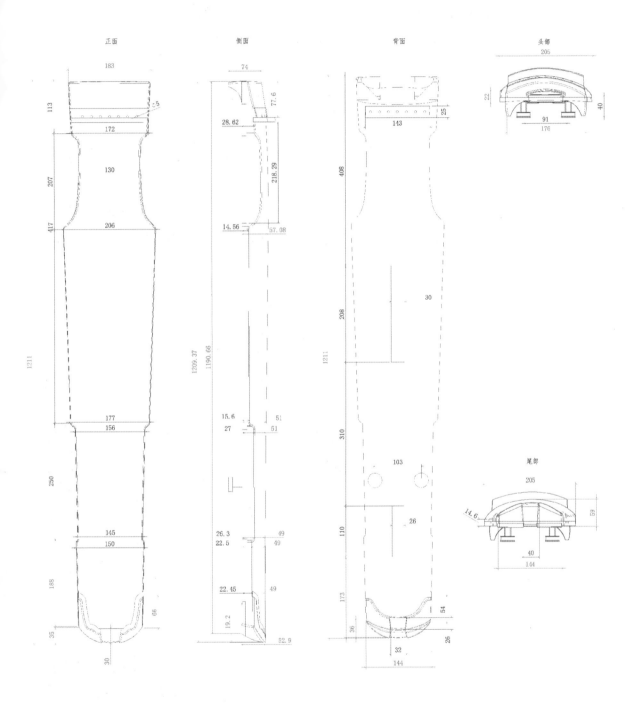

正面　　　　　侧面　　　　　背面　　　　　头部

尾部

参考图 13：面板图纸（正面、侧面）

施工图 19：定位

施工图 20：画面板轮廓线

施工图 21：弹基准线

施工图 22：画好轮廓线的面板

③

面板外轮廓加工

以下先以仲尼式形制为例，解析制作过程。

- 根据面板图纸提供的尺寸，使用模板在拼板上打样。

- 在拼板上定位，弹基准线。

- 勾画面板轮廓线。

制作琴面外轮廓：

- 用手弓锯和曲线锯贴近轮廓线切割出形状，确保切割面与平面垂直。

- 用木凿修整外形，去掉多余的部分。

- 用粗锉、细锉打磨毛刺。

- 用120目砂纸将外轮廓打磨至平滑。

④

槽腹加工

面板的"槽腹"

　　古琴的"槽腹"就是古琴的共鸣腔。关于古琴的槽腹结构，最早可以从故宫博物院珍藏的顾恺之《斫琴图》中看到明确的形象。

　　早在一千六百多年前，中国的古人就将两块尺寸大小一致的木料，作为古琴的面板和底板，合并起来构成古琴的琴身，并将其中的面板挖空，构成古琴的共鸣腔。这样的制作方法传承千年，直至当代。

顾恺之《斫琴图》虽然是宋代的摹本，但是，描绘得非常写实和传神。在画卷中，我们可以清晰地看到制作古琴槽腹的相关工具。这些工具中有些是具有曲面弧度的木工铲子，可以掏空面板内部结构。当代的古琴制作者仍在使用类似的工具制作古琴的槽腹。这就是传承。

参考图 14：故宫藏顾恺之《斫琴图》宋摹本局部 （故宫博物院提供）

边墙

古琴槽腹的周边有一圈"边墙"，用来实现面板和底板的黏合。

"边墙"的宽度一般为十毫米至十五毫米。若将"边墙"加宽，则可以增加古琴面板和底板之间的稳定度，但是，古琴的共鸣腔会由此变小，且共鸣腔的结构和比例也会相应变化。

使用模板勾画腹腔（纳音，天柱、地柱位置），槽腹距离琴面外轮廓十毫米至十五毫米。

天地柱

在古琴的槽腹结构中，有两根柱——天柱、地柱各一根。天柱的截面为圆形，直径约七分（约2.3厘米），位于古琴的"三徽"和"四徽"之间。地柱的截面为正方形，边长为六分（约2厘米），位于古琴的"七徽"和"八徽"之间。

天地柱的作用之一是加强结构强度。天地柱连接古琴的面板与底板。面板挖出槽腹后，形成一个拱顶结构，而底板是水平的。因此，天地柱的存在使得连接后的面板与底板成为一个整体，大幅增加了琴身强度。天地柱的另一个作用则是影响音色。

天地柱应该使用竖直纹理的木料来制作，而非直接在面板上留取。一般来说，木料总是顺着自身纹理的垂直方向进行收缩。若是在制作面板槽腹时，简单地保留天地柱所需木料，则面板整体发生收缩形变时，天地柱部位的材料也会同步变化，不利于整体结构的定型。因此，使用独立、竖直纹理的木料加工制作天地柱，可以使得琴身结构更加精准。

不是每张古琴都有天地柱。例如，故宫博物院藏四张唐代古琴中，"九霄环佩"和"飞泉"并无天地柱，而"大圣遗音"和"玉玲珑"的天地柱，在 CT 图片上清晰可见。

宋代制琴，天地柱已经成为标准配置。从《故宫古琴》已经发表的九张院藏宋代古琴来看，除了南宋的"清籁"因未提供 CT 图片无以得知外，其余八张宋琴均有天地柱。

一般来说，天柱位置比较确定，均位于龙池和槽腹顶端（琴头）的中点，或略靠近龙池。地柱的位置，根据古琴形制变化较多。如"大圣遗音"的地柱位于龙池和凤沼的中点。唐代"玉玲珑"、北宋"金钟琴"的地柱均位于龙池和雁足（池）的中点。而宋代古琴标准器"万壑松"的地柱位置介于前两种之间。

纳音

"纳音"的目的是收纳声音，使得古琴腹腔内的振动更好地回旋。

一般来说，每一张古琴都有两个"纳音"。"纳音"位于和龙池、凤沼相对应的地方。"纳音"可以由面板的材料隆起而直接构成，也可以使用单独的材料。譬如，有些杉木面板的古琴，用桐木制作"纳音"。于是，古琴制作完成后，从龙池或凤沼外向内观察时，会误认为其是一张桐木古琴。

但不是每一张古代的古琴都有"纳音"。而且，不同形制的古琴，"纳音"的造型、大小和高度不尽相同。

参考图 15：纳音

为了提高古琴的音色，近代古琴家对槽腹结构进行了改良，增加声音在古琴共鸣腔中的回旋。二十世纪五十年代，当时中国最活跃的几位古琴家都对古琴的槽腹结构做过诸多尝试。例如，在古琴槽腹中，在四徽和五徽位置之间建一道墙，希望增加声音的回旋。再如，为了把古琴的声音进一步扩大，尝试将"岳山"下面的硬木再制作成另外一个共鸣腔的结构。但是，以上设想和做法在相当程度上都是基于文学化想象，对声音的改良并不具有实质性的效果。

无论如何，先辈古琴家们的尝试至少说明两个问题：第一，古琴的槽腹结构对音色的影响是巨大的；第二，先辈琴家的钻研精神值得后辈致敬和学习。

槽腹结构对音色的影响

宋代石汝砺在《碧落子斫琴法》中总结了不同古琴琴面、底板结合所产生的不同发音效果："凡面厚而底薄，木（按音）浊泛（泛音）清，大弦顽钝，小弦焦咽；面底俱厚，木泛俱实，韵短声焦；面薄底厚，木虚泛清，利于小弦，不利大弦；面底皆薄，木泛俱虚，其声疾出，声韵飘扬；底面相当，虚实相称，弦木声和。"

在传承历代无数琴人在操缦、斫琴之间相互验证所得的实践经验后，当代的古琴制作者更有机会结合现代科学研究、检测方式，使古琴制作以传统传承为基础，达到物理学、音响学、美学以及演奏功能的和谐统一。

研究槽腹结构和古琴音色的关系，首先要了解以下事实：用天然的材料去做和用传统的工艺去做，的确存在千变万化的不确定性。

传统的意大利小提琴制作，或许对古琴制作有一定的借鉴意义。欧洲小提琴制作的工艺和形制，在十七世纪达到成熟。经过三四百年的长期研究和沉淀，小提琴的制作工艺已经非常完美。对于制琴材料、共鸣腔结构的数据研究也始终没有停止过。即便如此，到了今天，全意大利最著名的、经过国家认可的小提琴制作大师仍然在用自己的"经验"来制作小提琴，而不是完全依赖数据、对材料和共鸣腔结构进行分析来制琴。

无论是东方还是西方，乐器制作既是一种可以量化看待的精密科学，又是艺术多样性和非标准性的完美体现。这种千变万化本身，或许就是艺术存在的意义和价值。

古琴的槽腹结构是决定古琴音色的灵魂。槽腹结构的大小、比例、造型以及所影响到的面板与底板各部分的厚薄尺度，还有两个雁足插入琴身后，整个古琴的腹腔被分隔为两个独立的共鸣腔，这两个共鸣腔的固有频率、相互音程关系等，均对古琴音量、音质产生牵一发而动全身的重要影响。

在古琴的外观造型已经固定的情况下，槽腹结构挖深少许，则不但造成共鸣腔的体积扩大，且使得板壁变薄，同时，低音区和高音区的两个共鸣腔的固定音程关系也发生了改变。

因此，可以说，古琴的槽腹结构是一个使用天然材料制作的三维空间。从现代数学角度来看，无数的点的集合是线，无数的线的集合是面，三维空间是可以通过数字化来解析的。

但是，中国的古人没有数字化的木工机械，于是，就使用多道卡板的方法，使得面板上琴面和槽腹的曲面造型卡板的数量越多，曲面的准确率越高。到了当代，通过三维数据，使用现代数字化的木工机械，已经可以轻松实现制琴者内心对槽腹的造型要求。

从加工手段来说，这两种方法都可以，甚至，后者可以更加精准。但是，作为真正的高水平古琴制作者，不能机械地看待古琴的槽腹结构，而更应该因地制宜地根据不同的材料，去选择合适的形制。

中国古琴制作艺术传承千年，留下无数古琴制作的形制规范，仅明朝以来出版的琴谱当中就有数十种。不同形制古琴的大小、造型、共鸣腔板壁厚度、音色规律等都不尽相同。不同的木料的结疤、纹理、紧致程度、品种、年份等，无一不是考量制琴者综合素养和判断力的重要因素。

作为一个当代的古琴制作者，若希望对于古琴的槽腹结构有更整体的理解，则既要对传统典籍作彻底的梳理，还要从更多的传世好琴上获得第一手正确的数据，更要在实际的制作过程中，形成一套切实可行的经验，将其沉淀为一套稳定的模式，再结合具体制作的每一张古琴的材料，因地制宜地选择最适合的形制和腹腔结构。

槽腹加工

- 用弧形凿沿槽腹轮廓线，顺木纹方向剜挖槽腹至大致深度。
- 用木工凿、弧形凿剜挖，用短刨逐步修整到标准深度。
- 刨挖时注意槽腹的中心深度和两边深度，随时用"槽腹截面标准卡板"进行测量。
- 使槽腹内弧度过渡顺畅，在完成的琴面腹腔用刮刀和120目砂纸打磨至平滑。

制作多块"标准卡板"，可以更好地确定古琴各横截面的形状与尺寸。"标准卡板"分为"面板外轮廓弧线标准卡板"与"槽腹截面标准卡板"两种。"标准卡板"的道数越多，则检测截面越多，越利于构成古琴立体总形象。特别在槽腹结构关键点位处，必须设置"标准卡板"。例如，首先在"龙池"相对应的"纳音"上、中、下位置各设一道，其次在两足池间设置一道，最后在"凤沼"相对应的"纳音"再设一道等。

这是一个铲削加工、检测、再修整的重复过程，是逐步接近要求尺寸的过程，铲削加工过量将导致大量的返工或报废，所以在接近加工要求尺寸的阶段，必须控制单次加工的铲削量，及时检测。当天领料，当天完成加工，返回养生房，固定位置分类竖直堆放。

施工图 24：用弧形凿剜挖　　施工图 25：用木工凿修整

施工图 26：用短刨修整　　施工图 27：用标准卡板检测

施工图 28：卡板检测完成

施工图 29：槽腹结构制作完成

5

面板侧面加工

施工图 30: 面板侧面加工

- 用夹具固定面板，将之竖立。
- 根据琴面弧度和琴面边缘厚度，用长刨顺木纹方向，加工面板侧面。

6

面板表面弧度加工

　　琴的面板弧度，决定了演奏性能。在制作的各工序中，面板弧度的制作也是至关重要的一个环节。

　　古琴面板曲率具有丰富的动态变化。古琴造型取自"天圆地方"，即底板平直，

施工图 31：用刨子加工面板曲面

面板圆拱；焦尾处"间不容纸"，而四徽至琴头处，则须明显"低头"。古琴演奏时，须将琴弦按在琴面上取得走手音。古琴的琴弦粗细不一，弹奏时振动幅度各不相同。琴弦过高则"抗指"，琴弦过低则"拍面"，琴面不平则有"煞音"。

　　因此，古琴琴面曲率、琴面与琴弦之间距离的动态变化，均对古琴演奏产生重大影响。故古琴制作中，对面板曲率之合理性、平整性均有极高要求。

- 在琴面推出棱形，逐步修成弧形表面。
- 开始时刨刀深度可以大些，接近标准弧度时，调整为细薄刨刀。
- 用刨子削面时，从琴肩部开始，琴额低头处留多余量，以便调整。
- 用长架尺测量琴面低头和塌腰，用短刨逐步修整。
- 随时用琴面弧度卡板进行测量。

施工图 32：用卡板检测面板弧度 1

7

配件安装结构加工

- 凿制岳山、承露安装位置。
- 完成后用120目砂纸打磨平滑。
- 凿制龙龈、冠角位置。

施工图33：凿制岳山安装位置 ｜ 施工图34：凿制承露安装位置 ｜ 施工图35：凿制龙龈，冠角安装位置

8

面板"加强筋"

　　古琴上最容易开裂之处位于面板、底板和岳山两端的结合部,即古琴岳山处的侧面位置。

　　面板和底板都是纵向纹理,一般均向横向收缩。然而,岳山和承露是横向结构,其木料纹理亦为横向,它们都是纵向收缩。于是,在古琴的这两个侧面交汇位置上,一共出现了四块质地不尽相同的材料,即柔软的面板、中等硬度的底板,以及硬木制作的岳山和承露,且相互交汇,极易产生形变。

参考图 16:岳山侧面图

施工图 36：凿面板加强筋槽 ｜ 施工图 37：给加强筋刷大漆胶

即使对此部位进行加强的裱布或灰胎保护，仍然不能保证由于木胚形变而导致的漆面破坏。

因此，要解决这个问题，治标是没有用的，必须治本。所谓的"治本"有两个手段：第一，将木料彻底烘干，立即施以多道防护手段，防止其再次吸入过多空气中的水分，使之不要产生过大的形变；第二，设计"加强筋"。

在岳山与承露下面，预设一条横向的"加强筋"。具体方法是：在面板的槽腹方向，对应岳山与承露的位置上，凿出一条略小于琴面宽度的矩形凹槽，在凹槽

施工图 38：嵌入面板加强筋 ｜ 施工图 39：敲平面板加强筋

内嵌入与岳山的材质和纹理都相同的硬木，作为加强筋，再用大漆胶封填。

　　硬木制作的加强筋，其材料和纹理方向与岳山、承露完全一致，且与面板垂直，因此，完全可以防止面板在此方位上的向内收缩。

　　这样的设计，无论是硬木还是作为黏合剂的大漆，其材料和结构都与琴身完全融合，既不会影响到古琴的造型和音色，又有效地预防了可能发生的因材料形变引起的外观漆面开裂问题。

"加强筋槽" 的加工步骤

- 凿面板加强筋槽。
- 给面板加强筋上大漆胶。
- 在面板上嵌入加强筋。
- 敲平面板加强筋。

⑨
面板防潮底漆

面板和底板合琴时，槽腹内部是否需要刷漆，是一个存在争议的问题。有些制琴者认为，槽腹结构刷漆之后会影响音色。但是笔者认为，槽腹结构的制作一旦完成，必须马上刷涂防潮底漆。理由如下：

第一，要保持古琴不变形，最重要的工艺就是木料前期烘干和后期含水率的稳定。古琴制作完成后，若槽腹结构直接裸露在空气中，必将受到周边温湿环境的巨大影响，面板含水率的稳定性根本无法有效保障，特别是南方地区制作的古琴到了北方，时间一长，古琴一定开裂。

第二，两害相权取其轻。槽腹结构刷漆会影响古琴的音色，但是，和整张古琴开裂的风险相比，也应该坚决打一道底漆。

第三，槽腹上用来防潮的底漆是制作古琴的天然大漆。包裹面板表面的材料也是大漆。因此，没有任何冲突。

第四，从笔者目前的经验来看，槽腹上是否刷过防潮的大漆，对于音色几乎没有影响。

刷漆加工

- 完成的琴面用120目砂纸打磨至平滑。

- 琴面、内外全刷第一遍大漆，送荫房水平放置，荫房存放≥2天。

- 第一遍大漆干燥后，用240目砂纸，做表面处理。

- 内外再次全刷第二遍大漆，送荫房水平放置，荫房存放≥2天。

施工图40：面板刷第一次防潮漆 ｜ 施工图41：用240目砂纸打磨

二 底板加工

① 底板多拼工艺

古琴的底板也需要使用多拼工艺来制作，以增加底板的稳定性。

拼接底板时，应注意出音孔的位置不要和拼缝重合。由于古琴的两个出音孔位于底板中轴线，底板使用三块长条木板拼接更加合适。如此，上述两个出音孔的位置正好处于中间的木板上。

② 底板加强筋

一般来说，古琴的底板由梓木制作，而且厚度仅10毫米左右。对于天然的材料，经过多拼工艺后，适当加强整体强度还是必须考虑的问题。另外，天然木材必然会顺着垂直于纹理的方向进行收缩，因此必须在底板上安装"加强筋"。

底板上加强筋的数量至少是4根。如此，正好箍住两个出音孔的上下位置。事实上，添加加强筋是木工家具传统的、常用的制作方法。施工时，在底板与材料纹理的垂直方向上开凿出矩形凹槽，然后用纵向的同质材料（梓木条）嵌入，再用大漆胶黏合。

③

底板两侧的倒角

关于古琴的外观造型，历来都有"唐圆宋扁"的说法。它是指唐代的古琴线条比较圆润、饱满，而宋代的古琴棱线清晰，气质更加劲挺。那么，古琴底板两侧边缘的倒角，就是对于"唐圆宋扁"中的"唐圆"造型的传承。

这不但是一个美观的问题，而且还影响古琴的音色。对于整个共鸣腔的音色的反射能力来说，中间厚、两边薄的底板和完全一张平面的底板，效果不尽相同。

④

底板加工的操作流程

材料尺寸：底板拼板尺寸：1300mm × 240mm × 16mm。

核对木料标记的含水率。

平刨

挑选拼板中部板条的内圆面做琴腹腔。

将琴腹腔面在平刨机上刨平，作为基准面。

基准面平整度误差小于0.5mm。

压刨

将基准面朝下，琴面在压刨机上刨平，作为基准面。

基准面平整度误差小于0.5mm。

两个基准面相对误差小于1mm。

底板成品拼板厚度必须大于12mm。

制作底板轮廓

- 根据底板图纸尺寸，使用模板在拼板上打样。

- 在拼板上定位基准线。

- 勾画底板轮廓线，准确勾画出音孔（龙池、凤沼）、轸池位置，以及雁足、护轸的位置。

- 注意，底板的材料是三拼，甚至五拼制作，出音孔的边缘要避开木料的拼缝。

施工图 42：在底板上定位轮廓线

- 用手工锯或曲线锯贴近轮廓线切割出形状，确保切割面与平面垂直。

- 用木凿沿轮廓线挖出龙池、凤沼、轸池等位置。

- 修整外形，去掉多余的部分，用粗锉、细锉打磨毛刺。

- 用120目砂纸将外轮廓和龙池、凤沼打磨至平滑。

施工图 43：锯底板外形 ｜ 施工图 44：用木凿挖出音孔

- 在底板上画出底板加强筋位置。
- 注意，为了更好地稳定效果，加强筋的位置最好紧邻两个出音孔。
- 在底板上凿制加强筋槽，槽深：3.5mm；槽宽：9mm。
- 在加强筋槽内嵌入刷上大漆胶的加强筋。
- 敲平底板加强筋，底板制作完成。

施工图 45：画底板加强筋位置 ｜ 施工图 46：凿底板加强筋槽 ｜ 施工图 47：底板制作完成

在底板上设置加强筋，制造了一种用于提高古琴底板稳定性的加强结构。古琴底板由多块厚度一致的木条拼接而成。可在古琴底板上设置多条用于安装加强筋的槽道，其中，多条槽道分别位于各出音孔的两侧且垂直于出音孔，加强筋的纹理与古琴底板的纹理相互垂直。

加强筋嵌入槽道并填平古琴底板的表面凹陷部位，槽道的深度约为古琴底板厚度的一半。加强筋与古琴底板是相同的木质材料。

加强筋的纹理方向与古琴底板的纹理方向相互垂直，使得古琴底板在温度、湿度变化时，底板横向收缩的应力受到加强筋的制约，从而极大地降低了底板的内应力，防止底板的变形，提高古琴底板的强度与刚性。

刷防潮底漆

施工图 48：底板上刷第一遍防潮漆

- 底板两面全刷第一遍大漆，送荫房水平放置，荫房存放≥2天。
- 第一遍大漆干燥后，用240目砂纸进行表面处理。
- 底板两面全刷第二遍大漆，送荫房水平放置，荫房存放≥2天。

⑥ 面板槽腹和底板刷两道底漆的意义

面板和底板在合琴之前，要上两道底漆，主要基于三个原因：防潮；需要封闭整个腹腔表面吸收水分的通道；使槽腹美观。

一旦合琴以后，就无法再对腹腔内进行打磨。而一张古琴制作完成后，用斜向的角度，通过两个出音孔，实际可以看到很大范围的槽腹结构。如果腹腔内太毛糙，势必影响整体美观。

一般来说，古琴制作完成后，所有的拿放动作，都需要将手指插入出音孔中。而底板的厚度为10毫米，无论是底板的厚度部分，还是底板靠近出音孔的内壁，全部是手指有机会接触到的。所以，必须在合琴前，提前处理。特别是底板的出音孔内壁上的四条棱线，在合琴后很难处理得美观和光滑。

三 平整度与腹腔铭文

① 面板和底板独立平整度的校正

分别矫正面板和底板独立的平整度，是古琴制作工艺中非常重要的工序之一。古琴的琴体是由面板与底板用大漆胶黏合而成的，如果面板或底板的平整度没有达到控制标准，面底板黏合后就会有残余应力留在结合部位。经过时间的作用，这些残余应力就会对黏合面产生影响，轻则变形，重则开裂，对古琴的演奏性及音色等都会产生质的影响，所以要进行严格的管理控制。

对木胚的平整度进行检测后，达到要求的，进入下一道工序，若平整度差，则要进行相应的加工。

平整度检测

- 取养生房中竖直放置15天以上的木胚。
- 将面板、底板置于水平测量台，用塞尺检查平整度并记录，单面平整度误差≤0.5mm。

施工图 49：检测面板的平整度

校正古琴面板的方法

- 将古琴面板架设在弧形模具上，使得琴面与弧形模具相贴合。

- 使用 F 夹分别夹住古琴面板的两条长边，以将面板固定在载物板上。

- 观察古琴面板的表面上不平整的位置，调整 F 夹的松紧度，调节面板各表面，使平整度一致。

- 打开热风枪，热风枪沿滑道在水平方向上往复运动以烘干古琴面板。

- 根据需要，调节热风枪，使其朝向面板上容易翘起的部位，集中进行升温校正。

- 木胚平整度校正需逐步进行，每次校正幅度≤2mm。

- 用 U 型夹固定面板、底板，用热风枪烘烤面板、底板，逐步紧固 U 型夹，校正平整度至标准。

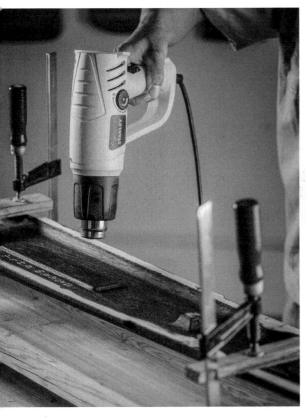 

施工图 50：面板平整度校正 ｜ 施工图 51：检测底板平整度

②

养生房存放和四周连续检测机制

　　将符合平整度标准的木胚移至养生房存放，每隔一周重新测量平整度，连续四周均符合平整度标准的木胚，可视为合格成品。在养生房内，设计固定位置，将木胚分类竖直堆放备用。

　　在四周内，任意一次测量中，如发现平整度超出标准，要进行木胚校正，重复以上过程。

施工图52：木胚放置在养生房内

③

面板腹腔铭文

　　古琴是中国古代文人的乐器和修养。古代的文人雅士在古琴上镌刻铭文和落款是古琴和其他乐器重要的区别之一。

通常，古人的铭文镌刻位置有两处：底板和面板的槽腹。其中，底板上多为琴名、诗词和印章，而镌刻在腹腔的内容，多为制琴时间和斫琴者落款。

腹腔铭文一般位于和龙池相对应的纳音的左侧，其上下范围不超过龙池长度。铭文既不能太靠近纳音，也不能太靠近外侧，须使通过龙池向腹腔内观察时清晰可见。当然，也有在龙池对应的纳音的左右两侧镌刻铭文的。其中，左侧镌刻年款，右侧为斫琴者落款。

当代制琴者直接使用墨书，在龙池位置的纳音上落款，与古法不同。

腹腔的铭文有三种工艺形式：

第一，"墨书款"。即直接用毛笔蘸浓墨书写。甚至，有些"墨书款"还调和少许生漆，增加黏度，或直接以黑漆书写。

第二，"刻款"。即运刀刻出款识。

第三，"刻款填色"。即运刀刻款后，在凹陷处填以石青、石绿、朱砂等天然颜料。

有些古琴在凤沼对应的纳音左侧亦有落款。例如，一张宋代的琴，其龙池纳音两侧已在宋代初制时刻有落款。至明代或已残破不堪，须剖腹大修。则修琴者通常须另行落款，则只可镌刻于凤沼对应的纳音左侧。

面板腹腔内铭文位置：

- 腹腔内侧龙池位置，纳音侧。

- 手工刻字，笔画清晰，深度均匀。

- 用240目砂纸打磨清理。

- 对所刻文字进行擦漆或填色。

参考图17：古琴单侧铭文

施工图 53：手刻落款

①

硬木配件注意事项

在古琴上，所有硬木配件都不包裹大漆。这些配件不但须承担架起琴弦、传递振动的功能，还要展露木纹的天然之美。

因此，制作硬木配件时，应注意如下事项：

（1）尽量选择颜色和纹理一致的硬木材料，去制作同一张古琴的岳山、承露、龙龈、冠角，以及龈托和尾托。

（2）配件上不要出现明显的色差、结疤。

（3）注意左右对称。即冠角、尾托等左右两片尽量对称。

（4）注意上下对称。即龙龈和龈托之间的和谐。

（5）应特别注意龙龈和两片冠角组成的琴面尾部结构。其中，两个冠角的木料纹理应与琴弦平行，而龙龈将架起琴弦，因此龙龈的木料纹理必须垂直于琴弦。须特别考虑三片硬木的材质、颜色和纹理的和谐统一。

（6）两个冠角和龙龈拼接的截面不能倒角，否则，将来平面上将出现凹槽。

（7）同理，两个尾托和龈托拼接的截面也不能倒角，否则，将来底面上将出现凹槽。

岳山

大部分硬木配件均可事先制作到标准尺寸，安装于琴身，待古琴灰胎工艺完成后统一精修，但岳山例外。古琴的岳山必须预留更高的高度。

古琴岳山的最佳高度，理论上只要"琴面下凹弧度"数据正确，即可根据"反向延长线"的方法进行计算。但在实际操作过程中，裱布和灰胎工艺均系纯手工作业，且天然材料稳定性较弱，因此，在前期，必须预留足够高度的岳山原材料。待灰胎工艺结束后，实际"琴面下凹弧度"数据明确后，最后推算岳山的实际高度。如此，方可万无一失。

龙龈

制作"龙龈"时，应重视两个数据：宽度和高度。

古琴"龙龈"的宽度与"承露"上七个弦眼的间隙，直接构成七根琴弦的"弦距"。"弦距"过大或过小，均影响古琴的外观和弹奏舒适程度。无论古琴的形制宽大或狭窄，"弦距"必须保持合理与稳定。根据故宫博物院藏唐代古琴数据以及实际演奏要求，"龙龈"的宽度以约40毫米为宜。

古人常用"乾琴"和"坤琴"来区分古琴的长度规格。其中，标准三尺六寸六分（约122厘米）长度的古琴称为"乾琴"，长度稍短的古琴称为"坤琴"或"膝琴"。"坤琴"专供女子和儿童弹奏，或为便于旅行携带，其长度和宽度均小于"乾琴"。因此，其"龙龈"宽度应适当减小。

古琴"龙龈"的高度应为1—1.5毫米。在"龙龈"上，一般有两个平面。其中，低平面与灰胎高度接平，即琴面高度。"龙龈"的高平面须高出低平面1—1.5毫米，方可在琴弦振动时，既不触碰低平面，也不会离开琴面太远，造成弹奏困难。

须特别注意，制作"龙龈"的硬木为天然材料，且手工加工时极易产生误差，故应事先留出足够高度的余量。待灰胎完成后精修"龙龈"时，才最终将高差控制在1—1.5毫米。

承露

"承露"上，七个"弦眼"的间距可参考古籍和故宫古琴文物的数据。应严格注意两个数据：弦眼直径、弦眼之间的距离。

冠角和尾托

制作古琴的冠角、尾托等装饰性硬木配件时，应综合参考古代典籍与故宫古琴文物的造型和数据。一般来说，冠角的造型在不同时期呈现不同的面貌。至清代，其雕饰性、装饰性功能越发凸显。

轸池板

轸池板不能太薄，因其须承受七个琴轸长期压力和旋转摩擦，故应坚实耐磨。

轸池板也不能太厚，它镶嵌于底板之中，既要低于底板平面，又须使底板预留一定厚度，否则影响底板强度。

轸池板上的弦眼

轸池板上的七个"弦眼"均应垂直于地面，与承露上七个弦眼连成的七条直线应相互平行、直径相同、间距相等，且同处一个平面。

② 硬木配件加工流程

- 将古琴配件描摹纸样剪下粘贴在硬木材料上。
- 沿描摹纸样轮廓锯割配件。
- 根据视图尺寸用锉和砂纸打磨出斜角、弧度。

施工图54：剪配件纸样

施工图 55：将配件纸样贴在硬木上

施工图 56：制作冠角

3

护轸制作

琴轸是连接和调整琴弦松紧的重要构件，护轸最初的功能则是保护琴轸。然而，古琴外观造型产生了长期演变，从现有的各种形制来看，大多数古琴护轸的长度已经无法覆盖琴轸。因此，其保护琴轸的作用也在弱化，但是这种构件名称还是叫护轸。

假设古琴不慎跌落，一般琴头较重，首先着地，因此，牺牲护轸，可以避免琴身受最大的冲击。为此，所有古琴的护轸均为单独制作，再拼接到底板上。

护轸一般都使用松木制作，而非面板或底板的材料。护轸材料的纹理必须垂直于琴面，否则极易折断。护轸和面板、底板一样，都将最终被大漆包裹、覆盖。

- 按实物画出下料尺寸后，用带锯机将松木切割成50×50mm 方料。
- 将方木的一面在砂带机上打磨出弧度。
- 转90度打磨相邻面。
- 使两面对称，且两个内面的交线居中过渡到护轸的底座边线上。
- 打磨好的护轸用带锯切断，护轸底座厚度和底板厚度一致。
- 用120目砂纸将硬木配件和护轸打磨至平滑。
- 硬木配件及护轸制作完成。

参考图 18：古琴护轸（图中的两端部位）

施工图 57：画出护轸用料尺寸

施工图 58：凿制护轸

施工图 59：打磨护轸

施工图 60：硬木配件，护轸制作完成

第五章

合琴和配件安装

合琴

参考图 19：合琴

合琴，即将古琴的面板和底板相互黏合。

当面板和底板进行黏合时，材料跨度一米多，且由于面板的槽腹结构，形成中空的拱形结构，因此，应注意结构的稳定。

通常，可以使用大漆和面粉米调制"大漆胶"。"大漆胶"粘固能力极强，符合合琴工艺要求。面板与底板刷上大漆胶后，可以使用竹钉或气枪钉，帮助两者临时合拢定位；再使用传统的皮筋捆扎方式，对称交叉地将琴体捆绑起来，送入荫房。

古人合琴常用竹钉。竹子材质比木料坚硬，适合作为连接构件；竹子材质与木质接近，均为天然材料；竹子纹理的垂直性远超木料。从历代典籍以及故宫博物院古琴文物的 CT 图中，均可清晰观察到竹钉的应用。

当代可使用气枪钉，但当面板和底板牢固黏合后，应将气枪钉拔除。气枪钉操作简便，且钉眼极小，对面板和底板的影响微乎其微。

操作流程：

- 面底板结合处，用120目砂纸打毛。

- 配置漆胶，琴面底板结合面满刷，均匀，无遗漏。

- 面底板黏合：面板、底板紧密黏合、无错位。

- 底板腰部左右用两个枪钉固定。

- 四角用枪钉固定，预留起钉位置。

- 从琴头开始，用绑带交叉牢固捆绑9道，注意捆绑扭力均匀、对称。

- 送荫房内放置，荫房存放≥7天。

- 15天之后，确认面底板黏合牢固，拆除绑带，拔除枪钉。

二 硬木配件安装

　　古琴的外观最终是一个由大漆包裹并和高级硬木相结合的乐器。古琴琴身的大多数地方均被大漆所包裹，而架起琴弦的诸多配件，如岳山、承露、龙龈、冠角等，都使用高级硬木制作。位于岳山、龙龈等部位的硬木，需要承受琴弦张力，因此，材料的纹理方向应与琴弦垂直。镶嵌、安装岳山、承露、龙龈、冠角等硬木配件时，应充分考虑和琴面曲率的合理配合，以期获得最佳的外观和弹奏效果。

　　天然的硬木纹理和精美大漆可以呈现极其漂亮的自然结合。在制作过程中，既要考虑结构性的尺寸，更要综合把握美观度。例如，应预先规划整个漆层的厚度。

施工图 61：打毛面板结合处 ｜ 施工图 62：面板结合面刷上大漆胶

施工图 63：底板结合面刷上大漆胶 ｜ 施工图 64：面底板结合

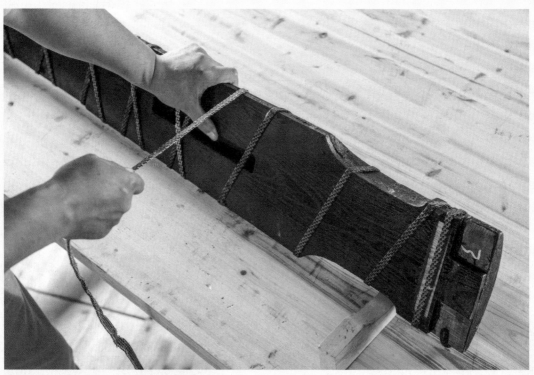

施工图 65：交叉捆绑 1

施工图 66：交叉捆绑 2 ┆ 施工图 67：交叉捆绑后于荫房内放置

施工图 68：硬木配件表面打磨

这个厚度将包括裱布、灰胎和表漆厚度的总和，通常来说，为2mm—2.5mm。因此，在制作和安装硬木配件时，在与大漆接壤的位置，应当预留匹配的高差。

岳山安装

- 将岳山底部打磨平整，插入面板上预留的凹槽，使两者充分、紧密结合。
- 岳山安装时，不得前后左右倾斜，应当垂直于琴面。
- 岳山插入面板凹槽的周边缝隙必须密实，并用漆胶粘固接触部位。
- 若凹槽与岳山之间缝隙过大，则需将细木屑和漆胶混合搅拌后填满缝隙，务必使岳山稳定地直立在面板凹槽中。

承露安装

- 打磨硬木配件接合面，修整至与琴面贴合得自然严密，与琴体的接缝自然严密。
- 打磨岳山。

- 修整承露，使其与岳山的接缝自然严密。

- 修整岳山厚度，使其插入岳山槽后松紧适中。

- 配置漆胶，安装配件（承露、岳山）。

- 琴面结合面满刷漆胶（均匀，无遗漏）。

- 岳山、承露结合面满刷漆胶（均匀，无遗漏）。

- 配件与琴体紧密黏合、无错位。

- 承露至琴面预留高度3mm。

- 送荫房水平放置，荫房存放≥7天。

修整龙龈、冠角、龈托、左右尾托、护轸、轸池板

在龙龈上，"有效弦长起点的棱线"称为"龙龈弦棱"，"龙龈弦棱"应保持直挺、锐利、无缺口、90度。最终，"龙龈弦棱"的台阶高差为1mm—1.5mm。和"龙龈弦棱"平行的、更靠近古琴尾端的"棱线"称为"龙龈圆棱"。

龙龈安装

- "龙龈圆棱"的弧形与琴尾自然贴合，形成自然曲线。

- 左右冠角与龙龈的接缝自然严密。

- 龈托与左右尾托的接缝自然严密。

- 轸池板长宽适中，与琴体四周的接缝自然严密。

- 硬木配件表面用240目砂纸打磨至光滑。

- 配置漆胶，安装龙龈。

- 再次确认龙龈与麻布及灰胎预留高度的数据准确（2mm—2.5mm）。

- 送荫房水平放置，荫房存放周期≥7天。

施工图 69：刮修承露 ｜ 施工图 70：确认承露安装尺寸

施工图 71：确认岳山安装尺寸 ｜ 施工图 72：安装龙龈

中国古琴传统制作艺术

安装龙龈时，应确保龙龈的中心线与古琴中轴线完全重合，须目测前后平直、左右等高。龙龈的平面应与古琴的琴面保持平行，注意实现两个方向上的平行，即龙龈的左右要平行，龙龈的前后也要平行。在龙龈与琴面接壤的位置上，龙龈的任意线条均应与该位置的琴面平行且与对应的对称位置等高。龙龈应与琴体紧密黏合、无错位。

左右冠角安装

- 安装冠角时，要与居中的龙龈紧密结合，目测平直、对称。
- 安装冠角须特别谨慎。安装之前应再次检查两片冠角材料的颜色、质地、纹理的对称度、和谐度。
- 先行安装居中的龙龈，以此为标准，拼装两侧的冠角。
- 两个冠角和龙龈安装完成后，应在整个琴尾组合成一个均匀的、光滑转接的弧度。
- 冠角应与琴体紧密黏合、无错位。
- 再次确认冠角为麻布及灰胎预留高度的数据准确（2mm—2.5mm）。
- 在荫房中水平放置。荫房存放周期≥7天。

配置漆胶，配件安装（龈托、左右尾托、护轸、轸池板）

- 左右护轸：每只护轸用3个枪钉固定，将来大漆胶干透后，应拔除枪钉。
- 轸池板：四周接缝严密，和底板紧贴牢固。龈托安装工艺，应等同于龙龈安装。
- 左右尾托安装工艺，应等同于冠角安装。
- 配件与琴体紧密黏合、无错位。
- 注意为麻布及灰胎预留高度2mm—2.5mm。
- 在荫房中水平放置。荫房存放周期≥7天。

参考图 20：冠角、龙龈、琴面结合部照片

施工图 73：安装冠角 1 ｜ 施工图 74：安装冠角 2

每张古琴的承露上，均须钻透七个弦眼，加工时应注意如下事项：

七个弦眼孔应紧靠岳山，即七个弦眼的弧线均与岳山相切。每个"弦眼"钻透时，钻头将穿透多层材料。其中，第一层是承露，第二层是面板，第三层是加强筋，第四层是底板，第五层是轸池板。若分别操作易产生误差，因此，所有"弦眼"均应待"合琴"以及"承露"安装完毕后，再统一制作。

通过木工机械操作加工"弦眼"时须极其小心，应始终保持钻头垂直，有控制地慢慢向下穿透。

由于五层材质的硬度和对于钻头的反馈不一致，须做到钻头的刀口磨快，且向下穿透的速度要慢。遇到不确定的情况，应随时提起钻头，再重新向下穿透。

第五层的轸池板为硬木制作，其材料硬度超过第四层的底板，极易产生最后"孔口开花"的败笔。对此要有充分的心理准备，可事先垫一块硬木，钻头下探时，应保持一定的弹性。

由于"承露"表面呈圆拱形，打孔时，应注意"钻头"竖直于地面，而非垂直于承露弧面，即只有位于正中的"四弦"的"弦眼"完全垂直于"承露"弧面。

参考图 21：标准的弦眼排列照片

操作流程

- 在承露处贴弦眼位置贴纸，弦眼紧贴岳山，弦眼圆心间距为19mm。

- 打弦眼，弦眼直径为4 mm。

- 固定琴身，在轸池板下部，必须事先垫好和轸池板同等尺寸的硬木，并和轸池板紧贴，防止钻头打穿轸池板时钻孔周边毛糙。

- 控制台钻，以惯性转速在承露上准确打出弦眼下凹。

- 控制台钻，由慢至快，逐步增加钻速，打穿承露板。

- 控制钻头，紧贴岳山，确保垂直。

- 至轸池板时，降低钻速，以惯性钻速打穿轸池板。

- 确保承露和轸池板弦眼位置上下垂直，七个弦眼间距一致。

施工图 75：打弦眼

四 凤舌加工

"凤舌"属于装饰性构件。一张古琴类比人形，既有琴头、琴额，亦有琴身、琴腰和琴尾。"凤舌"位于琴头正上方之立面，待面板和底板胶合后，雕刻而成。

"凤舌"完全独立，和槽腹不相连接，不参与琴弦和琴身振动，完全封闭。"凤舌"工艺一般不裱布和反复上灰，通常，待整张古琴灰胎工序完成后，统一髹漆。

当代有制琴者臆造"琴剑合一"，即将"凤舌"切开，插入木剑，并以整张古琴作剑鞘。这种做法既与历代典籍不符，又破坏共鸣腔结构，贻笑大方。

凤舌加工时，先用修边机将凤舌的轮廓雕刻出来；然后，完全运用手工修饰。可以说，它是一个手工的艺术作品。

施工图 76：制作凤舌 ┊ 参考图 22：古琴凤舌

凤舌雕刻时，既要符合原设计的轮廓造型，又要有合适的深度和坡度的立体感，需要制琴者综合地把握造型。

操作流程

- 凤舌模板紧固在琴头顶部。
- 使用修边机造型凤舌轮廓，手工修整。
- 用磨光机、240目砂纸，对琴体外观进行整体塑形，确保光洁，琴边线条流畅。

五

雁足孔加工

施工图 77：制作雁足孔

- 固定琴身。
- 根据底板上的雁足定位，用打眼机打出14mm×14mm雁足孔（深20mm）。

宋代《茅亭客话》云：“雷氏之琴……所以为异者，岳虽高而弦低，虽低而不拍面，按之若指下无弦，吟振之则有余韵。”

由此我们可以看出，琴弦和琴面高度的关系，历来是古琴制作工艺中最重要的环节。早在一千三百多年前的唐代，著名的雷氏制琴家族制作的古琴就可以做到琴弦很低而不拍琴面。要达到这样的高度要求，古琴制作要符合两个条件：

第一，琴面的曲线弧度合理；

第二，岳山、龙龈高度匹配。

弹奏古琴时，右手负责拨动琴弦，左手须将琴弦紧按在琴面上，通过上下滑动，改变琴弦的有效弦长，实现音高变化。若琴弦离琴面距离过高，则左手按弦时，会产生“抗指”，即按弦不实；若琴弦离琴面距离过低，或琴面不平，则会产生琴弦“拍面”或“煞音”的现象。

古琴放置在琴桌上后，从前后方向来看，由远而近，古琴的第一弦是低音弦，直径较粗，振幅较大。从一弦到七弦，琴弦的直径逐步递减。第七弦是高音弦，直径较细，振幅最小。因此，七根直径粗细不同的琴弦离开琴面的实际高度并不一致，需要琴面在前后方向上具有合理的动态变化曲率。

从左右方向来看，琴尾的“龙龈”处，仅略高出琴面少许。古书形容为“间不容纸”。而在琴头方向，琴面从“四徽”开始就大幅度向下，古人称为“低头”，用以符合弹奏的需要。因此，琴面和岳山处的琴弦距离超过14mm，古人称为"疏以容指"。所以，琴面在左右方向上，同样具有丰富的变化曲率。

为此，制作一张可以从容弹奏的好琴，需要一套解决琴弦和琴面高度关系的综合平衡方案。

随着社会的发展，社会分工日益明确。成熟的工业产品的使用者和制作者是完全不同的人群。然而，古琴制作是一种非常手工艺的、艺术类的、小众的制作工艺和制作艺术，因此，它更需要制作者艺术、审美和演奏上的综合素养。特别是古琴的制作者若不具备足够的演奏水平，很难制作出得心应手的古琴。

从使用功能来讲，古琴首先是一件可以演奏的乐器。演奏古琴时，大量的指法均须使用左手将琴弦紧按在琴面上快速移动。古琴面板曲率的数据有稍许变化，即对弹奏者产生完全不同的反馈。

所以，古琴制作者须对各种演奏指法了然于胸，才能设计出更合理的琴面曲率。

1. 下凹弧度规律

在整个古琴制作中，最重要、最核心的技术就是琴面下凹弧度的加工。

有一些古书上曾经用琴弦跟琴面的距离来描述这两者的关系。它们认为"七徽"是古琴有效弦长的中点，因此，将"七徽"处的琴弦高度设计为5mm。但这样的描述方法本身就不够严谨。

首先，每根琴弦的振幅范围不同，所谓"弦高5mm"，到底是"一弦"的高度，还是"七弦"的高度？其次，到底是从琴弦中轴线的虚拟位置到琴面的高度，还是到琴弦的下沿的高度？

琴面曲率是一个三维的综合数据，不能以单一数据来简单描述。要研究琴面弧度的规律，可以用"四弦"正下方的古琴纵向截面作为研究对象。在这个截面上，从琴头到琴尾，其实琴面的最高点出现在"四徽"的位置。

从"四徽"向琴头方向，是顺势的"低头"，无论在岳山内侧，还是琴额，琴面的"低头"都是一根光滑顺势的曲线。从"四徽"向琴尾方向，基本是一条直线，但有一个下凹弧度，这个重要的弧度直接影响琴弦和琴面的相互关系，即弹奏者的手感。从"四徽"到"龙龈"的下凹弧度是"月牙式弧度"，即将"四徽"和"龙龈"作为两个端点，用一根细绳连接两个端点，细绳自然下沉形成的曲线即为琴面的"月牙式弧度"。

由此可见，琴面下凹弧度的最低点不在"七徽"，而在"八徽半"的位置。

施工图 78：琴面剖面图

2．下凹弧度设计与数据

四弦位于整张琴正中，因此适合作为参照和研究对象。从"四弦"正下方的纵向截面上来看，经我实际演奏、反复推敲后发现，"四弦"的"八徽半"处下凹最佳距离为1.2mm。另外，由于琴面的木料和灰胎均为天然材料，手工制作时，须保留0.2mm的公差，即设计下凹数据为1.2mm，实际制作时，控制范围为1.1mm—1.3mm。

一张古琴的长度约为1.24m，但琴面下凹最低点的允许公差仅为0.2mm。所以，琴身材料的稳定性是极其重要的。

当"四弦"正下方的纵向截面下凹弧度确认后，"一弦"和"七弦"正下方的纵向截面的下凹弧度以此规律类推，具体数据参考下述内容。

特别注意，为了最终形成稳定的琴面曲率，在琴面下凹弧度的制作中，首先要将木胚的下凹弧度制作准确，之后，在此准确的曲面上，裱布、上灰，最终在此通过打磨，在木胚曲面的外表，形成一个2mm—2.5mm厚度的平行漆层。

根据设计数据，在"八徽半"处，修磨琴面下凹弧度的标准尺寸如下：
一弦位置下凹：1.2mm—1.4mm；
四弦位置下凹：1.1mm—1.3mm；
七弦位置下凹：1.0mm—1.2mm。

3. 辅助工具

为了实现更加精确的加工与测量，笔者设计了相关辅助工具。

例如，在既定形制古琴的"四徽"位置，制作和琴面垂直的挡板。挡板和龙龈之间，制作和琴弦平行的"标尺"。在"标尺"的中点安装"游标卡尺"，专门测量"八徽半"位置的下凹数据。

4. 下凹弧度加工

用120目木砂纸打磨琴面弧度，使一、四、七弦"八徽半"位置下凹达到标准值。

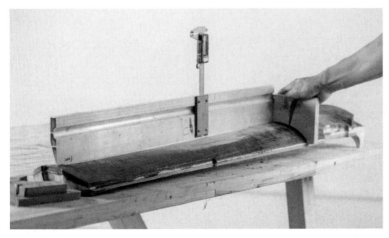

施工图79：检测1弦、4弦、7弦"八徽半"位置下凹数据 ┆ 施工图80：磨琴面下凹弧度

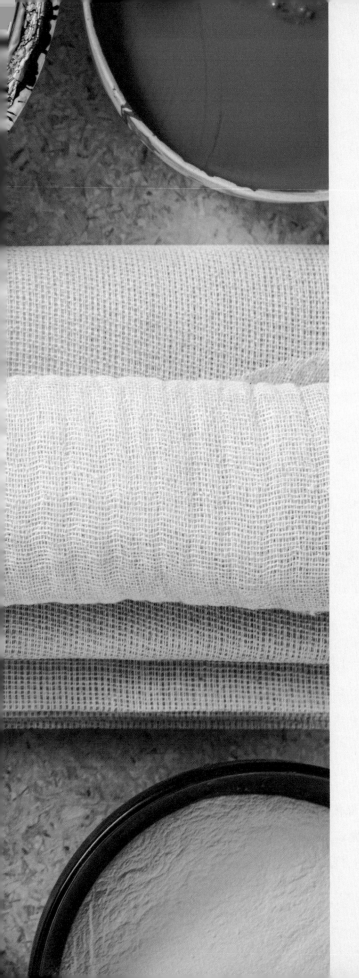

第六章

髹漆

① 古琴髹漆工艺

中国古琴的传统制作，历来就有"面板桐木，底板梓木，通体髹漆"之说。髹漆是斫琴非常重要的一道工序，且对工匠技艺要求极高。

王世襄先生在《中国古代漆器》中提出："中国古琴体现着古代漆艺的至高境界。"与工序繁复的剔红等漆器作品相比，古琴表面虽没有工艺繁复的漆雕，但精湛的髹漆工艺不仅保护了古琴，而且对弹琴时走手抚按以及古琴的音色起到了关键作用。

古琴所用之漆应是"大漆"，即"生漆"，而非化学漆。

大漆又称国漆，来自漆树上割取下来的汁液，所含的成分主要有漆酚、漆膜、胶质和水分等有机化合物。这些有机化合物含有丰富的铜、铝、钙、钾、镁、钠等金属矿物质元素。这些元素在一定条件下形成网络状的立体大分子结构。这种网络状大分子结构，使阴干后的生漆表面在韧性、弹性、硬度等方面得到极大的加强。

大漆靠自身的漆酶自然催化干燥，不含任何化学溶剂和重金属。大漆无毒、防腐、耐酸碱、防霉防虫，附着力极强，"滴漆入土，千年不腐"，是目前所知的最好的防腐剂和黏合剂，号称"涂料之王"。曾有诗云"生漆净如油，宝光照人头。

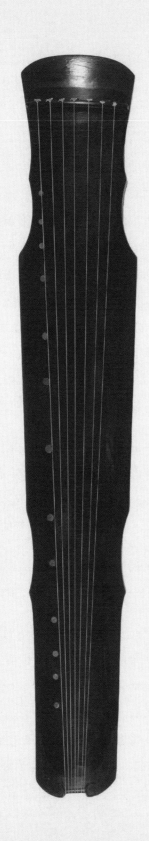

参考图 23：故宫藏"大圣遗音"古琴（故宫博物院提供）

摇起虎斑色，提起钓鱼钩。入木三分厚，光泽永长留"，描述的就是大漆防腐蚀、防渗透的物理特性。

总之，大漆就是古琴的"防腐衣"，使古琴历经千年而不朽。

清朝末代皇帝溥仪退位后，清室善后委员会点查故宫文物时，在故宫南库的墙角拣出一张古琴，弦轸皆无，岳山崩坏，当时已不能弹奏，且外观通体灰白，俨然似一块朽木。委员会当时将其定性为"破琴一张"，放回了原处。1947年，这张"破琴"被当时在故宫博物院古物馆的文物鉴赏家王世襄先生发现。王先生断定其为中唐珍品，并请古琴大家管平湖先生修复。当管先生花费数日，打磨掉凝固在琴面厚厚的水锈污垢后，居然显露出丝毫无损的漆面和金徽。管先生大喜，按照原来的形制，更换了新的紫檀岳山，并装上王世襄先生特意配给的青玉轸足，使得这张稀世唐琴得以重现人间，成为传世唐琴中最为完好的一张。这张古琴便是中唐时期的神农式"大圣遗音"琴。"大圣遗音"得以完好无损地传世千年，应归功于琴面上包裹的大漆。

中国传统的大漆还是"活"的物质。它如同具有生命力一般。最初完成的作品如同婴儿。随着岁月流逝，其不断"成长"，漆酶会随着温度、湿度变化而发生变化。每一层漆都有不同的"醒"的状态，使得大漆具有时光造就的温润美感。也正是这一特性，使得漆器作品历久弥新，始终焕发出永不衰变的艺术魅力。

古琴大漆涂层会因长年风化和弹奏时的振动形成各种断纹。一般而言，古琴不过百年不出断纹。而随年代久远程度不同，断纹也不尽相同，非常丰富。

通常，传世古琴的断纹种类有梅花断、牛毛断、蛇腹断、冰纹断、流水断、龙鳞断、龟纹断等。这些断纹是岁月在古琴的髹漆工艺上所留下的刻痕，随着琴胎及漆层的缩涨而发生变化，错落有致，幻化万千。传世古琴上优美的断纹显现了古琴深厚的底蕴，同时好的断纹也能使古琴的声音在传导的过程中被缝隙吸纳吞吐，徘徊回荡，更显苍古蕴藉。当然，传世古琴上的断纹也并非多多益善。有些断纹出现在"弦路"的正下方，裂开翘起，有碍弹奏，则应当修复。

大漆古朴厚重之美、浑然天成的色泽、随岁月变迁而产生的断纹所体现的沧桑之美，皆与古琴古拙内敛之美相吻合。和传统大漆相比，现代的化学漆无论在耐磨、耐候、防酸、防碱的实用功能方面，还是在色泽、质地方面，均逊色不少。而且，使用化学漆修饰的古琴易失之张扬浮夸，缺少古琴应有的苍古松透。两者气质泾渭分明。

使用大漆髹饰古琴如此美妙，但价格不菲。在古代，只有皇室、贵胄才有能力大量使用大漆用具。西汉桓宽《盐铁论》中《散不足》篇，记载当时的贵胄大户斥资制作漆器的情况："一杯棬用百人之力，一屏风就万人之功。"甚至"一文杯得铜杯十"，即一件绘有花纹的漆杯等值十件铜杯，可以想见当时漆器价格的昂贵和制作漆器工序的繁复。

不但大漆髹饰费时费力，生漆原材料的采集也是一件非常艰苦的事项。一棵漆树依品种、生长环境不同，4年—7年才能割漆。而一棵漆树的整个生命周期中，只能割出10千克左右的生漆。

在漆树上割漆时，极讲究刀法。通常在距离地面半米处，割出一道长约15厘米，深达2厘米，宽1—2厘米的口子，然后，转至距离第一个口子约40厘米处，割开第二道口子。这样交错开口，才能保存漆树的生命。

一般来说，漆树每割十天就要歇十天，割一年漆，要休息两年。漆树要生长七年之后，才可以进行第一次割漆。割开漆树后，流量非常少，须十分钟之后，漆才从割破的树皮中慢慢渗出来。因此，常常有人感慨："百里千刀一两漆。"

从漆树上刚刚割取的大漆呈乳白色黏稠状，接触空气后逐渐变为金黄色、赤色、血红色、紫红色，最后变成黑褐色，时间过长即固化。

大漆的原材料取得后，要进行滤漆。滤漆时，须将生漆倒入布中，扎好布口，将两端分别绑在滤漆架上，两人使用木棒来回挤压布，搙出布包裹的生漆，反复多次，取得细腻的漆液。但是，此时的漆液色泽度较差，一般仅作底漆使用。若需作为面漆，则须将生漆进行再提炼。

在普通环境下，大漆极难干燥。大漆的干燥不是水分挥发的过程，而是在高温、高湿度的环境下，通过漆酶的活性作用，达到干燥目的。虽然大漆干燥后无毒无味，但在施工过程中，大漆未干时，对人体的皮肤、眼睛极具刺激性。

因此，可以看出，从采集生漆，到炼制大漆，到最终完成古琴髹漆工艺，其中程序相当繁复，耗时耗力，凝聚着匠人大量的心血。

现在，世人所传承的古琴髹漆工艺源于约一千三百年前的唐代。在唐朝之前，中国古琴制作工艺中并无裱布、灰胎、髹漆手段。东汉时期的蔡邕制作了"焦尾琴"，这张赫赫有名的古琴的材料，是蔡邕从炉膛中抢出的。很明显，正因为当时尚未使用裱布和上灰工艺，才可以看到被烧焦的琴尾。约一千六百年前的东晋时代，在顾恺之绘制的《斫琴图》上，详细描绘了当时文人制作古琴的场景。制琴者的服饰、容貌，以及制作古琴的工具，古琴的材料、古琴的腹腔结构均清晰可见。但在这幅传世名画中，丝毫没有任何大漆制作的痕迹。

髹漆工艺在古琴制作上的应用，似乎在唐代一下子成熟起来。而且，气象万千的唐代古琴一下子在形制上、制作工艺上，均达到了历史的高度，为后世留下非常丰富的文化财富。

唐代流传至今的传统古琴髹漆工艺大致可分为裱布、上灰、打磨、面漆、推光等程序。

裱布，即将琴身木胚的底板或边缘等易开裂部位，包裹一层麻布，除保护琴身作用外，对音色也有重大影响。古人制作古琴，有时只挑选重要部位包裹，但当代制琴者多为全木胚包裹。

上灰，即以大漆和鹿角霜颗粒（鹿科动物梅花鹿或马鹿等的角，熬制鹿胶后剩余的骨渣磨成的颗粒）按照一定比例调和后，敷于麻布之外。这是髹漆工序中至关重要的环节。上灰的过程不是一蹴而就的。根据灰胎中鹿角霜颗粒的粗细程度，至少要反复敷抹四层以上，分别称为粗灰、中灰、细灰和补针眼。

每道灰胎完成后，都需要漫长的等待周期。在最初的数十小时，应放入荫房，在温度25℃、湿度80%—85%的环境下保存。每道灰胎干透后，都须通体打磨，用大漆调和细灰粉制成的腻子补平漆面的毛孔与砂眼，再以牛角对漆胎通体刮涂。

古琴灰胎磨平后，须再髹几层表漆。表漆髹饰至少两层，层数越多，最终琴面越润泽光亮，如玉如丝，手感舒适。最终，每张古琴的表面大致有2—2.5毫米的漆层。这薄薄的漆层之中凝聚着制琴者的匠心，也沉淀着古人千年的智慧和经验。

② 大漆工艺工具

施工图 81：髹漆工具

主要工具

人发髹漆刷、牛角刮刀、铲刀、剪刀、橡皮锤子。

3

调漆

大漆的黏度和稠度、含水量的比重等要素可以调整控制。

　　漆胚存放时间过长，一般用两种方法来过滤，这样能稳定漆胚，以达到一定的上漆的干湿度和黏稠度。用纱布和棉过滤上层干涸的漆皮和漆层粗颗粒，漆皮一般不再使用。漆胚放置时间久后，漆酚容易干燥，需要用红外烘烤或者温煮的方式分解漆酶，达到使用的湿度。

　　漆胚与鹿角霜或瓦灰调和时，不能加水，或者不能将灰胎泡水，需要纯粹将两者调和。如在漆胚含水率状态不佳的情况下，可按比重略微调和一些桐油或者松节油，达到一定的黏稠度。

　　一桶漆胚沉淀后，顶层的最佳，作透明漆。中层次之，作提庄漆，提庄漆附着力强、硬度高一点。提庄漆中再过滤提炼，上乘的为推光漆、黑推光漆；下乘的加入各色矿物原料调和成有颜色的推光漆，如红推光、黄推光等。最底层以及底部的漆渣，打碎过滤后作底漆。

施工图82：在摊开的麻布上铺上棉花 ｜ 施工图83：将包裹后的大漆装上过滤架 ｜ 施工图84：过滤大漆

施工图 85：裱布

裱布，即用麻布将琴身的木胚整体包裹起来，便于将来灰胎更好地附着。

在传统建筑施工作业中，也有相似手段。例如，刚砌好的砖墙，一般不会直接粉刷，通常的方法是先行绑定一层细细的铁丝网，再敷上一层纸筋石灰，等纸筋石灰干透后才进行粉刷。

在古琴的裱布工艺中，布料质地非常重要。若麻布质地坚硬、纤维结实，则不仅使琴身坚固耐用，还可以使古琴的音色更加紧致，增加音色厚重、大气的磅礴感。

值得注意的是，若使用特别粗糙、结实的麻布裱裹，必须匹配更厚的灰胎。

灰胎没有干透之前，是一种湿软材质。灰胎在干燥的过程中会产生沉降，若灰胎没有足够的厚度，待完全干燥之后，将露出麻布的痕迹。因此，一旦决定使用高质量、特别结实的麻布作为裱布材料，则古琴大漆灰胎的设计厚度必须超出2毫米。

由此可见，质地好的麻布，须匹配质量好、厚度大的灰胎，材料成本、加工周期均会大幅提升。传世的唐代古琴，正是使用了最好的材料，运用了最好的工艺，花费了最长的制作周期，才换得如此气象万千的气质。

麻布处理

处理麻布，
清洗晾干后捶打使其松软。

施工图86：捶打麻布

2

硬木配件贴纸

　　古琴上的硬木配件均不包裹大漆，在髹漆过程中容易被划伤。灰胎由大漆和鹿角霜构成，其中大漆具有极强的黏合作用，灰胎或大漆极易附着于硬木配件之上，即使可以后期处理，还是可能为外观带来负面影响。因此，裱布之前，必须先使用贴纸，用纸遮蔽硬木配件位置，为硬木配件做好保护。

施工图87：用纸遮蔽硬木配件位置

施工图88：遮蔽冠角 ｜ 施工图89：遮蔽岳山、承露

③
填充出音孔

底板上的"龙池""凤沼"是古琴的出音孔。为防止杂物由出音孔进入槽腹，必须在髹漆作业前，使用海绵填充，使之封闭。

施工图 90：填充出音孔

④
调制、涂刷漆胶

先调制漆胶，漆胶的原材料是面粉与大漆。之后，涂刷漆胶，将漆胶均匀地涂刷在琴体表面。

施工图 91：将面粉加入大漆中 ┆ 施工图 92：漆胶 ┆ 施工图 93：涂刷琴体表面

⑤
裱布操作流程

- 剪裁麻布，从琴尾至琴头方向逐步贴合至琴体。

- 漆刷刮压表面，使漆胶与麻布均匀混合。

- 用漆胶在麻布面反复挂刷，裱裹麻布，使麻布与琴体充分贴合。

- 麻布搭接位置在底板中部，相互搭接20mm。

- 剪裁麻布时，应特别关注硬木配件和大漆琴面交界的区域，相关区域的麻布收头尤须讲究，须将麻布、灰胎与硬木构件的交接线处理精准。如此，精致的漆面与硬木配件的天然木纹可以形成最佳外观效果。

- 送荫房水平放置，荫房存放≥7天。

- 麻布接缝、边缘修剪，露出配件、纳音孔、雁足孔。

- 麻布接缝、琴体配件边缘用中灰修补严密。

- 荫房水平放置，荫房存放≥7天。

施工图94：麻布贴合在琴体上　施工图95：用漆刷刮压表面

施工图96：麻布搭接　施工图97：修剪搭接缝

中国古琴传统制作艺术

施工图 98：修剪搭接缝 ｜ 施工图 99：搭接处修剪后用漆胶涂刷

施工图 100：麻布接缝、边缘修剪

施工图 101：上灰胎

灰胎

古琴的灰胎是琴身的保护层，不但可以防止木胚开裂，而且可以保持漆面稳定。

传统制琴工艺中，用大漆混合鹿角霜制成的灰胎效果最佳。可以将梅花鹿或马鹿的鹿角，熬制成为块状的"鹿角霜"。一般来说，马鹿角的霜块较为粗大，梅花鹿角的霜块较为细小。鹿角霜是天然材料，有一些苦涩的气味，有粘舌感。外层为灰白色，质地比较紧致；内层的颜色较深，质地比较疏松，且有一些毛细孔。

将鹿角霜研磨成颗粒后，先使用不同目数的筛子进行筛选。再按不同粗细度的颗粒分类，和大漆相混合，分别制作成"粗灰""中灰"和"细灰"。最终，陆续分层刮于木胎之上。

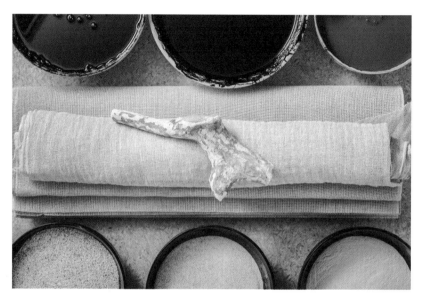

施工图 102：图中为鹿角霜，图下为鹿角霜颗粒

灰胎会对古琴音色产生影响，是仅次于槽腹结构的古琴音色影响因素。有些古琴音色温劲松透，有些则浑厚古朴，有些又包含着金属的坚越之音。各种音色的差别均与灰胎息息相关。因此，制琴者通常皆保留自己独特的、熟悉的灰胎配方。

从传世的唐代古琴来看，古琴的髹漆多用葛布（麻布）裱裹，使用鹿角霜颗粒构成灰胎，如此，灰胎坚硬，千年不朽，音色明亮。此外，尚有在灰胎中加入金属碎屑的方法，意欲增添金石、激越之气；还有使用牛骨灰、瓦灰、瓷灰、砖灰、膏灰等各种材料的。明代热爱古琴的藩王更以金、银、玉、宝石之屑调和为八宝灰胎，旨在强调古琴的华贵尊荣。

中国国家博物馆收藏有一张明代"潞国世传"的"黑漆洒朱绿""中和"古琴。琴面髹漆斑驳陆离，通体大理石般的质地。四百多年过去，它几乎没有断纹，漂亮极了。

表 2：部分古籍关于漆灰配制的内容摘要表

古籍作者 / 名称	工序	漆配方
（宋）田芝翁《太古遗音》	合琴	生漆，黄明胶水，细骨灰
	灰法	生漆，鹿角灰或牛骨灰或杂以铜鍮等屑
	糙法	生漆，入灰
	煎糙法	生漆半斤，焰硝一分
	合光法	生漆一斤，好生漆二两，白油二两，诃子肉、秦皮、黄丹、定粉各一钱，又好生漆四两，定粉一钱半，轻粉一钱，乌鸡子清二个
		又法：生面，秦皮，铁粉，油烟煤，鸡子清
	退光出光法	水杨木烧成灰，灰末，麻油
（明）明成祖敕撰《永乐琴书集成》"杨祖云琴制"	合琴	生漆，黄明胶水，细骨灰
	灰法	生漆，鹿角灰或牛骨灰或杂以铜鍮等屑
	糙法	生漆，入灰
	合光法	真桐油半斤，好漆半斤，灰半两，光粉半两，泥矾二钱
	退光出光法	牛骨烧灰，好生漆
（明）明成祖敕撰《永乐琴书集成》"僧居月"	合琴	生漆、黄明胶水调和如线细，细骨灰拌均如饧
	煎黑光法	好清生漆一斤、清麻油六两、皂角二寸、诃子一个、烟煤六钱、铅粉一钱
	合光法	煎成黑光一斤、鸡子清六个、铅粉六钱、清生漆六两（冬天八两至十两，夏天五两）、麻油少许
	退光出琴法	水杨木皮烧成灰、黄腻石、细熟布帛

　　清代以降，髹漆工艺大幅衰弱，古琴制作技艺中的同道工艺也一落千丈。清代古琴多以瓦灰调和灰胎，甚至使用纸，代替传统葛布，抑或根本取消裱布工序。因此，清代的古琴在完工初期，尚可发出松透之音，但终究漆面黯哑、耐磨性差，完全没有明代古琴的光彩，遑论唐宋佳器。

　　和鹿角霜灰胎相比，瓦灰制作的灰胎有两个劣势：

第一，质量劣势。一些清代使用瓦灰作为灰胎的古琴，由于瓦灰坚固和稳定性不够，多产生大面积剥落。反观唐代、宋代、明代的古琴，只要灰胎使用优质的鹿角霜以及精良工艺，虽历经千年，文物品相的完整度反而远超清代古琴。

第二，外观劣势。瓦灰吸水能力强，颜色较深，罩上透明漆后，一般呈现为均匀的深咖啡色或者深灰色，呈现效果比较单一。而使用鹿角霜制作的灰胎，髹漆工艺全部完成后，在透明的表漆下，可以清晰地观察到粗颗粒鹿角霜灰胎所特有的浅灰色颗粒质感，非常漂亮，且有特色。

然而，使用瓦灰作为制作古琴灰胎材料时，也有其优势：瓦灰干燥速度快，施工周期短；价格低廉；灰胎质地疏松，打磨制作难度低。因此，一张使用鹿角霜制作灰胎的古琴，可能需要长久的时间，音色才会逐步松透，但使用瓦灰制作的古琴，其在新琴状态时，基本可以达到松透水平。

因此，若制作普通练习用古琴，需追求成本低廉，或许，使用瓦灰制作灰胎，未尝不是降低成本的方法之一。

古琴的灰胎最重要的价值在于两点：第一，坚硬、稳定的质地；第二，结实和松透的音色。因此，在灰胎质地的选择上，应注意如下两点：第一，必须涤除玄览，完全没有必要哗众取宠地选用特殊材料；第二，须懂得平衡，鱼和熊掌不可兼得。一旦灰胎质地过于坚硬，则金石声有余，皮鼓味不足。因此，如何平衡两者，正能反映制琴者个人的审美。

在诸多灰胎材料中，综合效果最佳的仍为传统的鹿角霜灰胎，即使用梅花鹿的鹿角研磨颗粒制成的灰胎。鹿角霜的灰胎综合性能比较中庸，既足够坚固，也有益于音色。且鹿角霜的颗粒在琴面上有所闪现，令漆面尤具质感。

完成"粗灰"和"中灰"工序后，古琴灰胎结构已经基本稳定。在这个阶段，应留出足够的时间使整张古琴释放应力。应力释放越充分，古琴音色越松透。

古琴的灰胎在"中灰"阶段尚未涂刷透明表漆。灰胎中所有毛孔均可与空气直接接触，并进行自然的呼吸、沟通和水分交换。在此状态下，灰胎应力释放的速度将远高于髹漆工艺全部完成后的状态。因此，"中灰"阶段下，灰胎存放的长短周期和环境条件，对于古琴音色的影响意义重大。

为了更好地释放琴体残余的应力，"中灰"状态的古琴在灰胎干透后，至少应存放60天，才可进入"细灰"加工阶段。若条件允许，存放周期可延长至1年或以上。

总而言之，"中灰"状态的灰胎存放周期越长，应力释放越充分彻底。将来，古琴物理结构稳定性更佳，且音色更松透。

灰胎加工

第一道灰胎（粗灰）

- 配比第一道灰胎（粗灰）：生漆 + 粗鹿角霜，40-60目（粗鹿角霜配比：1/3粗鹿角霜 +2/3中鹿角霜）。
- 手工一次批灰，均匀包裹麻布。
- 送荫房水平放置，荫房存放≥30天。
- 待完全干燥后，用60目砂纸打磨。

施工图 103：鹿角霜颗粒 ｜ 施工图 104：鹿角霜颗粒加入大漆调制粗灰

施工图 105：鹿角霜颗粒与大漆拌和　｜　施工图 106：在裱布琴体上刮粗灰

古琴的灰胎取出"荫房"后须进行打磨。其中，打磨工艺的核心要点是，必须保持"干磨"。

传统福州脱胎漆器的灰胎打磨均使用砂纸"水磨"工艺。经过水磨的灰胎，表面光滑，颗粒细腻，非常漂亮。但是，古琴灰胎打磨时，若同样使用"水磨"工艺，将产生重大质量隐患。

灰胎"水磨"时，水分将迅速渗入灰胎，并传递给更下层的麻布。麻布本身是吸水材料，且呈泾渭分明的网络结构。更糟糕的是，涂刷"推光漆"后，整个琴身将形成一个全封闭环境，渗入的水分便可永远存留于麻布和灰胎之中。这对于古琴的整体稳定性是极大的危害。

因此，古琴灰胎阶段的打磨，必须采用"干磨"工艺。直到涂刷两道"推光漆"，在古琴灰胎外形成足够完整的全封闭保护层后，才可以使用"水磨"工艺，达到大漆最美的外观效果。

一般来说，使用同样级别的砂纸，"水磨"工艺的生产效率远超"干磨"。福州脱胎漆器的灰胎，多用瓦灰和大漆混合制成，质地松软。因此，采用"水磨"工艺时，施工相对轻松。而古琴灰胎多由鹿角霜制成，干透之后，质地非常坚硬，遑论"八宝灰胎"。因此，采用"干磨"工艺时，砂纸消耗极大，且作业粉尘污染严重。然而，即便如此，为保证古琴制作质量，古琴灰胎阶段的打磨工作必须坚持"干磨"工艺。

施工图 107：打磨粗灰胎 ┆ 施工图 108：打磨后的粗灰胎

第二道灰胎（中灰）

- 第二道灰胎（中灰，80—120目），手工二次批灰，厚度与琴体配件接平、略高，架尺随时检测。
- 送荫房水平放置，荫房存放≥30天。
- 待完全干燥后用120目砂纸打磨。

至此，古琴灰胎制作中，"中灰"阶段完成，应将灰胎移至"养生房"，存放60—360天。此存放周期对于古琴结构稳定、应力释放、音色松透等，均意义重大。

施工图 109：第二道灰胎"中灰" ┆ 施工图 110：第二道灰胎打磨

第一次磨煞音（琴面弧度修磨）

施工图 111：琴面弧度检测

古琴面板弧度的动态变化的合理性与琴的演奏性及音色有着直接的关系。因此，在制作古琴面板时，严格地控制琴面弧度尺寸是工艺控制的一个关键点。

琴面弧度修磨流程

- 检查琴面下凹情况，"八徽半"处，一弦、四弦、七弦位置数据。
- 修磨琴面下凹弧度，检查外观，做好相关记录。
- 在4徽位置固定卡板和卡尺，测量"八徽半"位置下凹数据，标准范围1.0—1.4mm。
- 用120目木砂纸打磨琴面弧度，使一、四、七弦在"八徽半"位置的下凹达到标准值：

  一弦位置下凹：1.2mm—1.4mm；

  四弦位置下凹：1.1mm—1.3mm；

  七弦位置下凹：1.0mm—1.2mm。
- 若未达到标准数据位置，通过打磨调整至规定值，或做出修正数据提示。
- 返回上道灰胎工序。

施工图 112：琴面弧度打磨

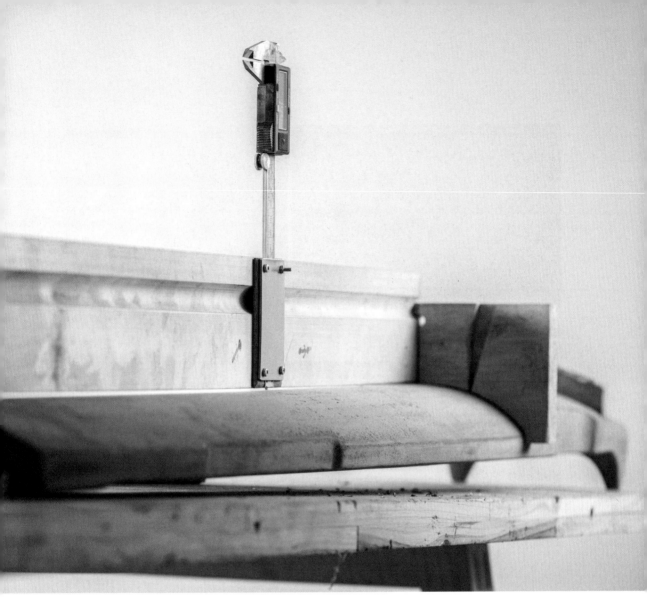

施工图 113：检测打磨后"八徽半"处的下凹弧度数据

第三道灰胎（细灰）

- 生漆 + 细鹿角霜，200目。
- 手工批灰，精补孔隙，灰胎与琴体配件结合严密。
- 送荫房水平放置，荫房存放≥30天。
- 待完全干燥后用240目砂纸打磨。

施工图 114：第三道灰胎 ┆ 施工图 115：打磨后的第三道灰胎

施工图 116：检测"八徽半"处下凹弧度数锯

第二次磨煞音（琴面弧度修磨）

这道工序是精修琴面弧度，使其达到设计要求的数值，确定琴面弧度数据的准确性，确保不出现拍板、煞音的重要环节。

- 用砂纸 (240目) 细磨琴面下凹处。

- 检查下凹位置，检测各数锯，修磨至规定值。

- 使一、四、七弦在"八徽半"徽位置下凹达到标准值：

  一弦位置下凹：1.2mm—1.4mm；

  四弦位置下凹：1.1mm—1.3mm；

  七弦位置下凹：1.0mm—1.2mm。

四 硬木配件精加工

1

龙龈精加工

古琴的龙龈非常重要，它和岳山共同架起琴弦、传递振动。

龙龈精修工艺的核心要点共有五项：

第一，在龙龈上，"有效弦长起点的棱线"称为"龙龈弦棱"，它必须准确、清晰；必须使用专用木工刮刀刻画，使琴弦自由振动，不受毛刺等影响。

第二，在龙龈上，和"龙龈弦棱"平行的，更靠近古琴尾端的"棱线"称为"龙龈圆棱"，须弧度圆滑，才利于琴弦从琴面自然顺滑地转到底板。

第三，"龙龈弦棱"和"龙龈圆棱"应相互平行，均垂直于古琴的中轴线（四弦）。

第四，两根"棱线"形成的平面必须平整，才能使七根琴弦更加服帖。

第五，两根"棱线"形成的平面，应与"四弦"的延长线形成一定夹角，若与之重合，则"龙龈弦棱"无法发挥更好的作用。

操作流程

- 用刮刀修整硬木配件。
- 第一步，使配件棱边直挺。
- 第二步，龙龈、冠角与琴面结合处打磨平滑。
- 第三步，琴体根据要求打磨圆润。

施工图 117：修磨冠角结合面 ｜ 施工图 118：修刮龙龈结合面

修整龙龈

- "龙龈弦棱"应保持直挺（锐利、无缺口、90度）。
- "龙龈弦棱"的台阶高差为1mm—1.5mm。

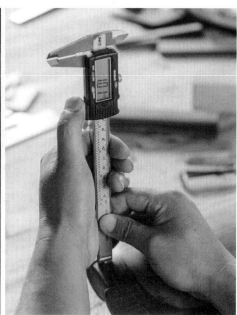

施工图 119：修刮龙龈面 ｜ 施工图 120：检测龙龈台阶高差

②

岳山精加工

操作流程

- 检查琴面下凹弧度。

- 检测下凹数据。

- 在4徽位置固定卡板和卡尺，测量"八徽半"下凹数据，标准范围为1.0mm—1.4mm，

  一弦位置下凹：1.2mm—1.4mm；

  四弦位置下凹：1.1mm—1.3mm；

  七弦位置下凹：1.0mm—1.2mm。

- 如有差异，返回前道磨煞音工序，用240目木砂纸打磨琴面弧度，使一、四、七弦在"八徽半"的徽位置下凹达到标准值。

施工图 121：检测琴面数据

- 推算琴弦高度：以龙龈为基准，用尺规工具，通过琴面4徽处，推算琴弦高度（下垫楔形塞规）：

  一弦处：7.6mm—7.8mm；四弦处：6.8mm—7.0mm；七弦处：6.6mm—6.8mm。

- 推算岳山高度：以龙龈为起点，以琴面最高点（4徽位置）的标准弦高为终点，向琴头方向作一、四、七弦的延长线至岳山。由此推算岳山上一、四、七弦位置的实际高度。

- 用自然过渡的平滑曲线，连接上述3点，形成光滑曲线，获取岳山整体高度和"有效弦长起点棱线"的曲线。

- 将岳山修整打磨至要求尺寸。

- 岳山高度验算标准：岳山的"有效弦长起点棱线"和琴面的距离应不低于17mm。

本书提供的岳山高度计算方式均适用于安装"钢丝尼龙琴弦"，若所制作的古琴将来专门安装"蚕丝琴弦"，则岳山高度整体平均增加1mm。其他数据和计算方式不变。

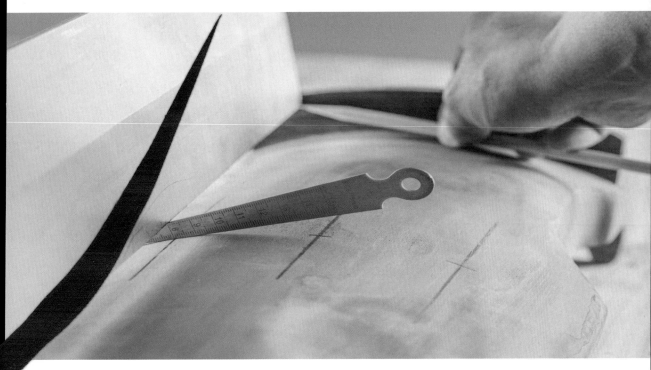

施工图 122：确定岳山高度

古琴的岳山非常重要，它和龙龈共同架起琴弦，传递振动。

岳山精修工艺的核心共有五点：

第一，在岳山上，"有效弦长起点的棱线"称为"岳山弦棱"，它必须准确、清晰，方使琴弦自由振动，不受毛刺等影响。

第二，在岳山上，和"岳山弦棱"平行的、更靠近"琴头"的棱线称为"岳山圆棱"，须弧度圆滑，如此，方利于"绒扣"滑动。

第三，"岳山弦棱"和"岳山圆棱"应相互平行，均垂直于古琴的中轴线（四弦）。

第四，两根"棱线"形成的平面必须平整，才能使七根琴弦更加服帖。

第五，两根"棱线"形成的平面，应与"四弦"的延长线形成一定夹角，若与之重合，则"岳山弦棱"无法发挥更好的作用。

参考图 25：岳山特写照片

岳山其他棱线和倒角规范

- 岳山顶，"岳山弦棱"应直挺（倒角至不拉伤弦为准、无缺口）。

- 岳山顶，"岳山圆棱"的倒角圆弧 R，且要保证调弦时弦能圆滑过渡。

参考图 26：岳山侧棱角

施工图 123：试音

第三次磨煞音（试音）

第三次磨煞音（试音）

- 检测"八徽半"处琴面下凹数据，精磨至标准值范围：

  一弦位置下凹：1.2mm—1.4mm；

  四弦位置下凹：1.1mm—1.3mm；

  七弦位置下凹：1.0mm—1.2mm。

- 如有差异，重复前道磨煞音工序，用240目木砂纸打磨琴面弧度，使一、四、七弦在"八徽半"的徽位置下凹数据达到标准值。

- 修磨时注意保护龙龈处尺寸。

施工图 124：精磨琴面 ｜ 施工图 125：检测琴面修磨状态

- 将完成灰胎的琴体架设至试音架，调弦至标准音。

- 试音。

- 检查一至七弦的打板、煞音、抗指情况。

- 在琴面标示问题，指导精磨。

- 用240目砂纸精修精磨琴面下凹处，完成后再试音，直至无打板、煞音和抗指。

- 经检测，确定琴面弧度的数据满足设计要求。

- 通过试音，验证无打板、煞音、抗指的现象，琴胚进入下一道大漆工序。

施工图 12⋯⋯上试音架 ｜ 施工图 127：试音确认有无打板、煞音、抗指

五 推光漆和琴徽

① 第一道推光漆

操作流程

- 琴体全刷一遍黑色推光漆，注意避免琴面遗留大颗粒灰尘和漆刷脱毛。

- 送荫房水平放置，荫房存放≥3天。

- 出音孔修补。

- 送荫房水平放置，荫房存放≥3天。

- 用240目砂纸，打磨补灰至圆滑。

- 第一道推光漆补针眼和水磨。

- 生漆＋提庄漆＋特细鹿角霜（大于120目）。

- 用240目砂纸，打磨琴面明显突出点至平整，用湿抹布擦干净。

- 面向阳光，确保自然光线良好，目视检查漆面明显可见的凹点。

- 用特细灰批刮填补凹点至平整。

- 送荫房水平放置，荫房存放≥3天。

- 用240—280目水砂纸，水磨漆面。

施工图 128：刷一遍推光漆 ┊ 施工图 129：出音孔四周补细灰

施工图 130：补针眼 ┊ 施工图 131：水磨漆面

② 琴徽安装

琴徽是安装在琴面上的标示音位的标志，共有13个。

从唐代开始，古人制作高级别古琴时，经常使用"金徽玉轸"，即黄金打造琴徽，玉石制作琴轸。宋、明以降，古琴越来越成为文人、士大夫修身养性之器。君子温润如玉、比德于玉。因此，"玉轸"依旧流行，"金徽"并无重大发展。历史上，古琴也有使用玉石、绿松石等特殊材料制作琴徽，但最普遍的材料还是贝壳和螺钿。使用天然贝壳制作琴徽，清晰可见、光泽典雅，虽月光之下，亦可引导从容操缦，无比风雅。

参考图 27：琴徽

无论使用何种材料制作琴徽，最核心的工艺要求是，不要抛光和打磨琴徽厚度边缘的两根棱线。若轻易打磨上述棱线，则势必形成圆角。如此，当琴徽安装于下陷的灰胎中时，琴徽边缘的圆角必然和灰胎以及漆面的接触部位形成缝隙，影响美观。

琴徽大小同样应以古籍与故宫古琴文物为参考。一般，琴徽设计有三种方式：

第一种：琴徽直径有两种规格，其中居中的"七徽"直径最大，其余12个琴徽的直径相同，且均小于"七徽"。

第二种：琴徽直径有3种规格，其中居中的"七徽"直径最大，紧邻"七徽"的6个琴徽直径相同，为中等规格。剩余6个最靠近琴头和琴尾的琴徽，直径相同，为最小规格。

第三种，琴徽直径有7种规格，其中居中的"七徽"直径最大，其余12个琴徽的直径逐次缩小，并以"七徽"为中心，左右两侧对称。

注意，无论何种方式，居中的"七徽"直径都应最大。

本书建议采用第一种方案，即"七徽"最大，直径为11毫米，其余12个琴徽的直径均为8毫米。若是贝壳琴徽，则厚度为2毫米。若使用24K黄金制作琴徽，则厚度为1.5毫米即可。

13个琴徽的圆心位于同一直线，且平行于"一弦"。两者相距10毫米。其中，"七徽"的圆心位于该直线之"有效弦长"的中点。

各琴徽间距如下表所示。其中，"一徽"到岳山"有效弦长"起点的距离为整个"有限弦长"的1/8，"二徽"到岳山"有效弦长"起点的距离为整个"有限弦长"的1/6，以此类推。

表 3：各琴徽间距表

徽位	到"岳山"的距离							到"龙龈"的距离					
	一徽	二徽	三徽	四徽	五徽	六徽	七徽	八徽	九徽	十徽	十一徽	十二徽	十三徽
比例	1/8	1/6	1/5	1/4	1/3	2/5	1/2	2/5	1/3	1/4	1/5	1/6	1/8

操作流程

- 以琴尾为基准，利用标准卡板量取琴徽位置，共13个徽位，用划针在琴面上标示琴徽位。

- 用手枪钻在徽位打孔，深度为2mm。琴徽有两种型号，"七徽"直径为11mm，其余琴徽直径为8mm。

- 不同直径钻头分别对应不同直径琴徽。

- 打孔时注意钻头与琴面必须垂直。

- 填入漆胶，镶嵌蚌徽，用漆胶黏合。

- 琴徽镶嵌后，高出琴面 <0.5mm。

- 用生漆 + 细瓦灰，补边缝。

- 送荫房水平放置，荫房存放≥3天。

- 用240目水砂纸，打磨平整。

施工图 132：标定琴徽位置　　施工图 133：在徽位上钻孔

施工图 134：孔中填入大漆胶　　施工图 135：装入琴徽

③

第二道推光漆

操作流程

- 琴体再刷推光漆，送荫房垂直放置，阴干，最短存放2天。

- 局部补针眼，使用生漆 + 特细瓦灰 / 特细鹿角霜（大于120目）。

- 用灯光45度照射琴面，目视检查漆面可见的凹点。

- 用特细灰批刮填补凹点至平整，送荫房水平放置，阴干，最短存放2天。

- 用400目水砂纸，水磨漆面。

- 对边角、接缝等处做最后修补整理。

施工图 136：刷第二道推光漆 | 施工图 137：刷第二道推光漆后打磨

④

第三道推光漆

操作流程

- 用黑色推光漆，琴体再刷推光漆。
- 送荫房水平放置，荫房存放≥3天。

⑤

水磨推光和抛光

操作流程

- 用1500目水砂纸对漆面做粗推光。
- 用3000目水砂纸对漆面做细推光。
- 在琴面撒上少许特细瓦灰，用头发团蘸水，在琴面反复擦拭。
- 琴面涂食用油＋少许特细瓦灰。
- 使用棉布对琴面反复擦拭抛光，擦拭至漆面光亮。

施工图 138：刷第三道推光漆

施工图 139：推光

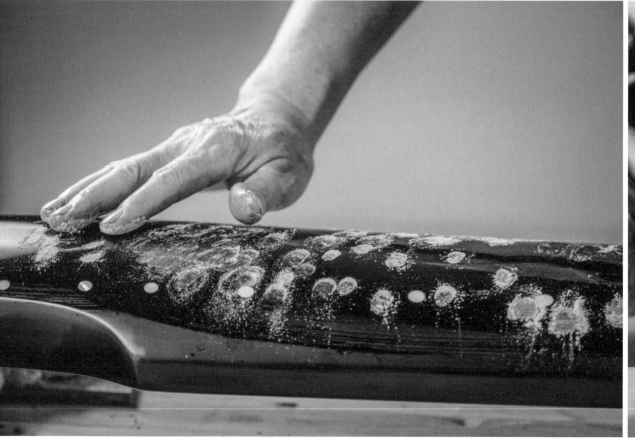

施工图 140：水磨推光 | 施工图 141：擦拭琴面

施工图 142：琴面拍上特细瓦灰 | 施工图 143：用棉布对琴面反复擦拭、抛光

6

硬木配件精磨

操作流程

- 木工打磨（240—800目砂纸）。

- 对硬木配件在琴体安装位置区域的外观作彻底检查，对残留在硬木配件或琴体
  上的漆痕、砂纸印进行精磨。

- 磨到表面无其他异物痕迹，光洁光滑。

7

揩青和退青

　　揩青和退青是福州脱胎漆器制作工艺中的核心内容，曾经是"不传之秘"。在
中华人民共和国成立初期建立的福州脱胎漆器一厂、二厂内，揩青和退青工艺甚
至位于保密车间，原则上不对外。

　　大漆的琴面经过抛光工序后，已经变得乌黑光亮，但这种光亮太过耀眼，内
涵不够，缺乏中国传统美德之温润收敛的厚重感。揩青与退青就是使漆面的光泽
增加这种温润厚重效果的重要工序。这些工艺须用制琴者的双手作为工具，直接
完成。

操作流程

- 提庄漆 + 煤油组成混合液。

- 用棉花蘸取混合液，均匀擦拭漆面数遍，提高光泽的厚度。

- 擦拭时要包含硬木配件。

- 送荫房水平放置，荫房存放1天左右，在提庄漆将干且未干透之时取出。

- 从荫房取出后，用食用油＋少许特细瓦灰，涂抹于漆面。

- 用手掌用力重复擦拭琴体漆面（退青），使琴面光泽变得柔和厚润。

- 擦拭时要包含硬木配件。

- 纳音孔内琴体清理。

- 用棉布擦拭琴体使之整洁光亮，大漆工序完成。

施工图 144：提庄漆 ｜ 施工图 145：提庄漆中加入煤油

施工图 146：用提庄漆擦拭 ｜ 施工图 147：拍上特细瓦灰与食用油

第七章

配件安装

雁足安装　一

古琴髹饰工艺完成后，将进入装配和上弦的工序。这也是古琴制作的最后一道工序。

古琴面板和底板黏合后，构成两个共鸣箱，大者对应"龙池"，小者对应"凤沼"，两者以两个雁足为界。雁足位置恰在尾托与轸池（有效弦长）之黄金分割点，正好构成古琴两个共鸣箱固有频率之和谐音程关系。两个雁足须分别插入两个"足池"。"足池"为方孔，制作时，将穿透底板，直至面板预留位置。

传统古琴制作中，雁足为独立配件，即雁足和"足池"为榫卯结构，并非黏合。因此，工艺上要求严丝密缝。安装琴弦后，琴弦横向的拉力使得雁足牢固地稳定于"足池"之中。只有劣质古琴，才将雁足和"足池"黏合。

连接圆鼓形脚（也有八角形或其他形状）并插入足池的部位被称为"插件"。"插件"的横截面应为正方形，以防打滑。"插件"截面处，四个棱角不能太锐利，以防割断琴弦（琴弦上到标准音后，张力较大，将造成丝弦断裂，或钢丝尼龙弦的尼龙被切断）。雁足的"插件"将穿透厚约一厘米的底板，应注意长度适宜。"插件"插入太深，则面板剩余厚度太少，插入太浅，则无法承受琴弦拉力。

"插件"插入琴体的部分应采用尖头，便于插入。但古代文献图纸所示的尖角过分锐利，在实际操作时，应控制尖角程度，使其斜面与面板的弧度恰好平行。如此，既可插入更深，又可保留更多面板木料，加强稳定性。

操作流程

- 用木工凿清理雁足孔方孔内部杂质。

- 用刻刀在雁足孔边缘倒45度小斜角（避免雁足插拔时损坏漆面）。

- 雁足孔深度≥20mm。

- 根据材质、色泽、纹理，挑选配对的雁足。

- 将雁足插入雁足孔，插紧。

- 用橡皮锤轻轻敲击，将雁足紧密嵌入雁足孔，无松动。

- 确保左右雁足高度基本一致，微调至琴体摆放平稳。

施工图 149：清理雁足孔 ｜ 施工图 150：安装雁足 ｜ 施工图 151：雁足安装完成

1. 琴轸和绒扣安装

七个琴轸通过绒扣连接七根琴弦，是古琴上最常使用的构件。

高档的硬木是制作琴轸的理想材料。硬木质量稳定，软硬弹性适中，且与岳山、龙龈等配件匹配，非常和谐。在古代，由于古琴上各部位均与中国传统思想关联，有时候会使用竹子制作琴轸，所谓"凤凰非梧桐不栖，非竹实不食，非醴泉不饮"。

演奏者每次演奏之前，均须通过小幅旋转琴轸，微调琴弦的松紧，以达到小幅调节琴弦、固定音高之目的；或通过较大幅度旋转琴轸，将琴弦升高或降低"半度"，从而改变七根琴弦相互的音程关系，实现"转调"。

因此，琴轸的稳定性，是衡量琴轸功能的第一要素。

琴轸不稳定的古琴无法正常弹奏。若在演奏前，琴轸无法稳定地旋转、紧绷绒扣，使琴弦稳定于标准音高，则无法确定七根琴弦之间的音程关系。若在演奏时，琴轸打滑，则根本无法继续正常演奏。

影响琴轸稳定性的核心工艺有四点：

第一，琴轸和轸池板接触的截面必须指向圆心，弧形下凹；

第二，该截面下凹后，外缘的圆形棱线越尖锐，则琴轸与轸池板卡入程度越大，琴轸旋转越困难（也越稳定）；

第三，轸池板须用优质硬木制作，具备足够弹性形变能力和耐磨性；

第四，"绒扣"的扭转程度不能太高，否则易打滑，无法拧紧到高音。

琴轸加工注意事项：

第一，必须使用琴轸截面"弧形下凹"的造型，一味通过增加琴轸截面和轸池板的毛糙程度以增加摩擦力，是徒劳之举。

第二，琴轸截面下凹后，外缘的圆形棱线过分尖锐，将导致琴轸旋转困难，属于另外一种工艺不合格。

第三，琴轸的外表面须光滑程度适中，过于光滑，则不利于旋转，过于毛糙，则影响外观，易与精美的大漆工艺不协调。

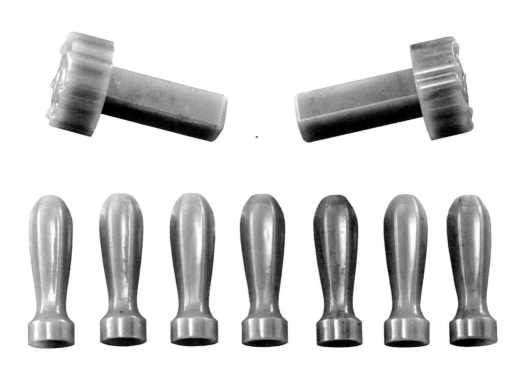

参考图28：雁足与琴轸

参考图 29：琴轸

操作流程

- 准备穿"绒扣"的工具。

- 绒扣必须使用没有弹性的材料制作,且材料须稳定,不得轻易被拉长。

- 将绒扣穿过,并缠绕于琴轸,绒扣出琴轸头约65mm。

- 绒扣与琴轸缠绕面,待上弦时位置调节正确后再收紧。

- 绒扣绞辫程度不能太高,否则琴轸会打滑。

內左旋漸漸擰緊後將線對中折轉以兩端併齊捏住

使勿退鬆或打一結亦可

絨剅穿軫法

任其兩股自旋合成如繩再於兩端併齊處另用線紮之

將搓成絨剅以其中折一頭由軫底孔穿入於軫腰孔透

出將剅作交股如⊗式左扛上右扛下套於軫頸再將

剅頭由軫頸孔穿入於軫頂孔透出然後頭尾抽緊就是

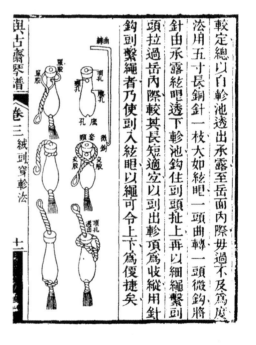

參考圖30:《琴學入門》中的穿絨扣圖示

施工图 152：穿绒扣 1　施工图 153：穿绒扣 2

施工图 154：穿绒扣 3　施工图 155：穿绒扣 4

2. 蝇头（蜻蜓结）

古琴的每根琴弦均有两端。其中，一端为"蝇头"，使用"蜻蜓结"工艺收头，"蝇头"连接绒扣，置于岳山正上方；琴弦的另一端则绕过"龙龈"，紧贴底板，最终缠绕在"雁足"上。

"蜻蜓结"工艺

- 琴弦弦头缠绕的棉线交接处，对准蜻蜓结操作台标识。
- 剪去多余弦头，弦头必须隐藏于蜻蜓结下。
- 确保蜻蜓结大小一致，左右对称。
- 确保蜻蜓结以最自然、放松的状态置于岳山正上方，不得扭转、翘起。

施工图 156：蜻蜓结

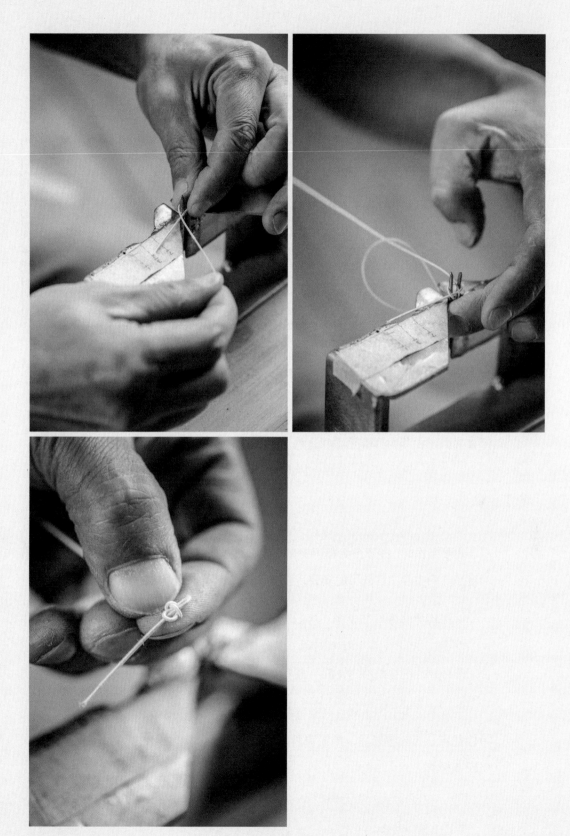

施工图 157：棉线交接处对准蜻蜓结操作台标识 ｜ 施工图 158：打蜻蜓结

施工图 159：蜻蜓结完成

3. 琴弦安装

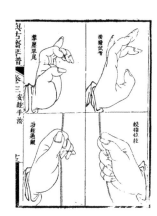

参考图31：《与古斋琴谱》中的琴弦安装图示

安装琴弦是古琴制作工艺中最后一道重要步骤。琴弦安装的和谐、服帖程度，将直接影响古琴的弹奏手感和音色。琴弦安装时，将综合涉及琴弦、绒扣、琴轸、岳山、龙龈、雁足等多个构件，因此，应注意如下内容：

中轴线

古琴制作时，并不预先标识明显的琴弦位置。因此，安装琴弦时，应以"四弦"为标准。而古琴"四弦"的安装，必须和整张古琴的中轴线完全重合。

应严格控制各根琴弦在"岳山"和"龙龈"上的位置。其中，"四弦"居于正中，"一弦"和"七弦"相互对称。其他各弦之间，距离相等。"一弦"和"七弦"位于最外侧，不得贴靠"龙龈"最外侧，应与"冠角"之间保留足够间隙。

千万不可为了防止琴弦打滑而在"龙龈"上开设凹槽。只要古琴制作工艺规范、琴体稳定，安装琴弦后，依靠自身张力，琴弦可以自然稳定在预设位置，而不发生左右移动。

琴弦

无论使用钢丝尼龙弦还是蚕丝琴弦，首先必须将顺琴弦，使之处于自然放松状态，切忌扭转。安装钢丝尼龙弦时，应注意两端的包装。其中，使用细绳包扎缠绕的一端为雁足端，而另一端为琴头端，琴弦应在琴头端制作蜻蜓结。

新的琴弦安装后，演奏时易出现杂音、"嗡嗡"回响之声，均源于不和谐的安装方式导致的局部共振。若要消除异响，可多用无色无味的"凡士林"擦拭。特别严重的，则可以在"龙龈"和"雁足"之间的琴弦和底板接触的部位垫放少许绒布或海绵。一般来说，演奏一段时间后，各个构件和谐程度提高后，异响会自然消失。

蝇头

七根琴弦直径不同，但是，"蝇头"的大小和宽度应尽量制作一致。"蝇头"制作完成后，必须剪去多余弦头，且弦头应隐藏于"蜻蜓结"之下，否则，推动"蝇头"微调琴弦时，手指极易被琴弦中的钢丝刺破。应该确保"蝇头"以最自然、放松的状态置于岳山正上方，不得扭转、翘起。

由于琴轸只能微调琴弦的松紧，安装琴弦时，应提前控制相应紧绷程度。

蝇头位置的最佳状态为：七根琴弦按照"正调"（F调）定弦后，七个"蝇头"正好位于岳山厚度的正中，呈一条直线。

由于琴弦的有效弦长（琴弦振动）从岳山靠近琴尾方向的"岳山弦棱"开始，因此，若"蝇头"过分靠近琴尾，则影响琴弦振动，破坏音色饱满，甚至发出杂音。若"蝇头"过分靠近琴头，甚至跟随"岳山圆棱"转向琴额，则不但影响美观，还将使"绒扣"绞辫程度过高，引起琴轸打滑。

绒扣

绒扣应采用合适材料，不可有弹性，否则无法控制琴弦松紧。绒扣的材料须

宋一元 朱致远 琴（仲尼式）

施工图 160：安装琴弦

牢固，否则，长期承受琴弦拉力，极易老化和拉长。从岳山上顺势而下的绒扣，应当垂直穿入承露之中，而不应倾斜。因此，须严格规范"蝇头"和"绒扣"在岳山上的位置。

绒扣绞辫（扭转）不可太紧，否则将使琴轸打滑。绒扣绞辫（扭转）也不可太松，否则，即使琴轸旋转，绒扣紧绷程度也变化不大，无法调整琴弦松紧。绒扣绞辫（扭转）的最佳状态为：在岳山的正上方，绒扣基本不发生扭转，而呈自然、松散状态。当绒扣转过"岳山圆棱"，垂直向下时，绒扣应保持足够紧张的绞辫（扭转）状态。如此，当琴轸发生旋转时，绒扣拖着"蝇头"，在岳山上平行向琴头方向移动，而无任何扭转，即只有"岳山圆棱"以下的绒扣发生相应扭转。

在古籍记录中，七根绒扣有各种缠绕方式，但从整体美观出发，建议采用相同股数的丝线为宜。如此，七根绒扣直径一致、更为和谐。

雁足

安装琴弦时，应按照"一弦""二弦""三弦"和"四弦"的顺序，将四根琴弦依次安装在一个雁足上。再以"五弦""六弦"和"七弦"的顺序，将另外三根琴弦安装在另一个雁足上。古人如此设计琴弦安装次序，源于古琴的"四弦"和"七弦"最易断裂。因此，这两条弦分别最后缠绕于雁足。

琴弦绕过"龙龈"后，应紧贴底板，再紧贴雁足内侧后，由内向外均匀、紧密地缠绕于雁足。雁足未插入"足池"部分的截面应为正方形，而非圆形，否则琴弦容易打滑。雁足上，缠绕琴弦的部位外表不得过于光滑，但是，四根棱线应稍微倒角。否则太过锐利，琴弦紧绷后，蚕丝弦极易被切断，钢丝尼龙弦则易发生尼龙散裂。

琴弦缠绕在雁足上，应呈现清晰的股状排列，并最终使用白色棉纱线缠绕，帮助完全收尾。

参考图 32： 绒扣部位照片

琴弦安装操作流程

- 用铜丝将绒扣经轸子板穿引至岳山顶，绒扣与琴弦在岳山上扣接。

- 调整绒扣长度，使蜻蜓结位于岳山顶中线偏琴尾位置，绒扣出承露部分的旋绞以2—3圈为宜。

- 调音器夹在岳山上。

- 在地上放置软垫（避免磕碰琴头漆面），琴头向下，将琴竖直搁置在软垫上。

- 木柄缠绕弦尾。

- 拉琴弦过龙龈，琴弦不能拧，要以顺的状态拉直通过龙龈。

- 紧贴底板，逐步拉紧琴弦。

- 拨弦，根据调音器的显示调整琴弦。

- 琴弦平整缠绕在雁足上。

- 每缠绕至垂直向下时，向下加大施力，确保琴弦与雁足缠绕紧实。

- 收头时弦尾从紧贴底板的琴弦下穿过并用力收紧。

- 调整琴弦张力，试音高。

- 依次上一、二、三、四弦，缠绕在左边雁足上（有琴徽一侧）。

- 依次上五、六、七弦，缠绕在右边雁足上（无琴徽一侧）。

- 用棉线将雁足上的琴弦充分包裹。

施工图 161：用铜线将绒扣穿引 　施工图 162：绒扣与琴弦在岳山上扣接

施工图 163：拉琴弦过龙龈 　施工图 164：琴弦平整缠绕在雁足上

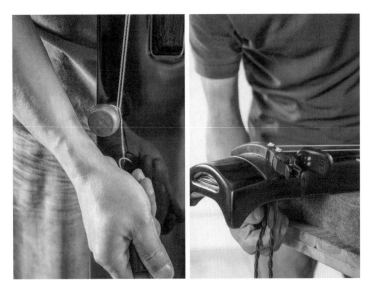

施工图 165：弦尾从紧贴底板的琴弦下穿过 ｜ 施工图 166：调弦试音

4. 调试音高

- 将琴平放于琴桌。
- 用手拉拽琴弦中部，充分拉
  伸琴弦。
- 旋转琴轸，调整音阶，根据
  调音器的显示调整琴弦：
  1弦 C；
  2弦 D；
  3弦 F；
  4弦 G；
  5弦 A；
  6弦 c；
  7弦 d。

施工图 167：拉伸琴弦、调音

施工图 168：用棉线将雁足上的琴弦包裹

5. 外观调整

操作流程

- 绒扣长出琴轸以外的部分应自然、放松、整齐。

- 用于收头的结扣应大小相同，悬挂后等高。

- 绒扣末端须剪裁整齐。

- 调整蜻蜓结，整齐排列在岳山顶中线偏左位置。

- 绒扣多余线头整理顺畅。

- 绒扣绳结水平高低一致。

- 用棉布擦拭，清洁琴面。

- 将完成的古琴垂直挂放于库房，尾上头下。

施工图 169：蜻蜓结整齐排列 ｜ 施工图 170：检查绒扣绳结 ｜ 施工图 171：修齐绒扣

古琴作为中华民族的传统乐器，承载了中国古代文人复杂而深沉的情怀与思想。许多古琴琴身留有铭刻。

1. 铭文布局

古琴底板上，镌刻内容与位置常有四种情况：

第一，琴名。常镌刻于龙池和琴轸之间，一般为二到四字，如"奔雷""玉玲珑""九霄环佩""大圣遗音"等，单字或四字以上的琴名较为少见。

第二，印章。常现于龙池和凤沼之间，印章数目较多时，还刻于凤沼和琴尾间。

第三，文字。对仗工整、字数相同的对联、诗句，常镌刻于龙池两侧，其他内容镌刻于空白之处。

第四，收藏款。年代久远的古琴，如唐宋古琴，常有不同年代收藏者的落款，既赋予古琴历史感，又是文物传承有序的证明。

2. 镌刻工艺

古琴的底板上，施有裱布、灰胎和表漆等多道工艺。镌刻铭文时，应注意避免穿透灰胎露出裱布，最佳深度为刻穿表漆再深入灰胎至0.8毫米。

参考图 36：故宫藏 月明沧海 古琴

参考图 35：故宫藏 清籁 古琴

参考图 34：故宫藏 大圣遗音 古琴

参考图 33：故宫藏 九霄环佩 古琴

（故宫博物院提供）

若使用现代电脑激光刻字，极其精准方便，且提高效率，但机器刻款与手工刻款仍有明显差异：

字迹气质不同，手工刻款较灵动、自然，机器刻款较呆板；

刻款截面不同，手工刻款截面上大下小，呈倒梯形，而机器刻款则垂直向下。

3. 填色

底板的铭文传统上有三种填色方案：

不填色，古琴的灰胎具有天然的深灰色，铭文镌刻后，直接使用无色无味的漆面保护油擦拭即可，如此，铭文中的灰胎颜色更深，字迹清晰可见；

采用石青、石绿、朱砂等天然颜料填色；

填金，使用泥金工艺，使得古琴更加富丽堂皇。

清宫旧藏古琴中的一大特色，就是古琴背面镌刻诗文后再填金、青、绿等，古意盎然，又非常具有装饰性。宫廷器物表面用金较多，通常的填金手法有贴金、上金、泥金三种工艺，其中泥金工艺耗时费力，但效果最好，用金量也最大。泥金制作须先用手指将金箔在白芨植物胶水中细细研磨两小时以上，再加清水沉淀1小时方可使用。填金时用极细的毛笔蘸泥金，慢慢逆向填写而成。泥金所用金箔为98%库金，还有泥银工艺，所用成分为金银各50%，这种工艺性质稳定，永不变色。

近世有使用化学颜料填色的，但终究易掉色，且色泽过于鲜艳。既然古琴制作均循古法，则建议最后的铭文填色，仍使用天然材料。慕古初心应贯彻始终。

参考图 37：泥金工艺

第八章

古琴制作的几种特殊工艺

一 百衲琴

百衲琴制作最早始于约一千三百年前的唐代。历史上，关于唐代李勉制作百衲琴的史料多而翔实。

李勉（717—788），字玄卿，为唐皇室宗亲，一生历经唐玄宗、唐肃宗、唐代宗、唐德宗四朝，曾高居相位二十年。史书中有李勉斫琴的详细记载："其造琴，新旧桐材扣之合律者，裁而胶缀之，号百衲琴。"

唐代和宋代的古琴本来传世不多，本已是琴中重器，而唐宋老琴中，百衲琴更凤毛麟角，弥足珍贵。例如，辽宁省博物馆所藏的唐琴"九霄环佩"、吉林省博物馆所藏的宋琴"松风清节"。而故宫博物院所藏"峨嵋松"古琴则为明代制作。

从结构上来看，百衲琴的面板由多块六角形木块拼接而成。通常，古琴长约124厘米、宽20厘米。若使用长7厘米、宽3.3厘米的百衲片组合，则横向需7—8片，其中，奇层7片，偶层8片；纵向为24片，合计约200片。可以构成长132厘米、宽27厘米的古琴面板原料。

施工图 172：百衲板 ┆ 施工图 173：百衲片

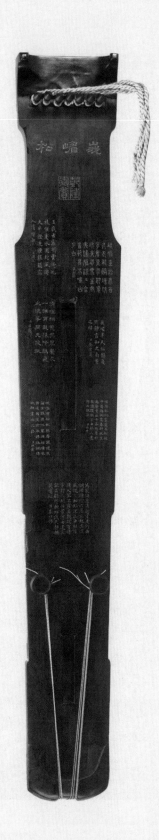

参考图38：故宫藏「峨嵋松」古琴（故宫博物院提供）

百衲琴面板结构断面极多，且须使用大漆黏合。由此，须使用大漆"荫房"，更加增加生产难度、工艺难度和工作量。

虽然百衲面板均为木质，但不宜使用白胶。因为，若使用传统的大漆黏合，则面板黏合材料和将来外围的裱布、灰胎等均属相同材质。使用大漆和面粉调和而成的黏合剂，与制作面板的老杉木可以做到天然融合，因此，无论对于古琴的结构稳定还是音色，均大有裨益。

1.古人的初衷

中国古人制作百衲琴的初衷，在于对优良材料、极致工艺、材料稳定性以及音色的追求。

第一，优良材料的利用。古人制作百衲琴的初衷是多元的，但珍惜使用优质木料一定是其中的重要因素。古琴面板制作槽腹后，将形成异形的空间结构，其中，最大高差约5—6厘米。因此，面板原材料的厚度须为6厘米以上。如此厚重的材料须同时满足质地优良、年份久远且无任何结疤、钉眼及虫蛀损伤的要求。其实，并不易得。这就是唐代李勉对于"新旧桐材"，只要"扣之合律者"就要充分利用的原因。

第二，极致的工艺。对于没有木工机械的古人来说，制作精准的百衲面板，是一种极致的工艺。在一张古琴大小的面板上，须裁切约200片大小、形状、外形近乎一致的六边形木块。同时，这些木块还须有等高的、相互平行的天地面。每个木块分别打磨后，再用大漆黏合。这些工艺对古人来说是巨大的挑战，甚至是一种炫技。

第三，材料的稳定性。百衲琴面板材料的稳定性是普通古琴无法比拟的。天然的木料均存在横向和纵向的纹理，无论是因为热胀冷缩，还是年代久远而自然产生的收缩，这些形变均对古琴面板产生新的内在应力，破坏稳定性。而对于百衲琴来说，由于面板上百衲木块排列无序，内部应力将相互抵消，极大提高了面板的稳定性能。

第四，对音色的追求。百衲琴的音色的确异于常琴，后文将详细讲述。

2.真假"百衲"

百衲琴历来分为"真百衲"和"假百衲"两种。其中，"真百衲"的制作方法即为上文所述：将约200片百衲木料，用大漆黏合为古琴的面板。而"假百衲"的工艺却有多种。例如以下三种。

（1）雕饰百衲"纳音"：这类"假百衲琴"的面板实为普通杉木，而仅将两个"纳音"构件，雕饰为百衲工艺的外观。因此，从两个出音孔向槽腹内观察时，将误认为整块面板均由百衲工艺制作。但事实上，若仔细观察即可发现，"纳音"构件的木料纹理仍然是相通的。

施工图174：贴片百衲

（2）镶嵌百衲"纳音"：这类"假百衲琴"的面板也为普通杉木，但将"纳音"部位挖空，另行镶嵌具有百衲工艺的纳音材料。因此，从两个出音孔向槽腹内观察，更容易误认为整块面板均由百衲工艺制作。

（3）外壳百衲贴皮：故宫博物院藏有一张明代古琴"峨嵋松"，面板由杉木制作，但整个琴身的外壳通体包裹数百片由小叶紫檀制成的百衲造型木料薄片，工艺非常精美。

平心而论，无论是采用何种方式制作百衲琴，均展示了中国古代制琴人匠心独具的工艺，以及对于极致的愿望和理解。

3. 重 量

通常，百衲琴重量极大。

首先，进行百衲琴的面板制作时，会在数百个百衲木块的截面上涂刷大漆作为黏合材料。而大漆的比重远超木材。

其次，百衲琴面板均采用质量上乘的边角木料拼合而成。因此，相对天然木料的材质疏松、紧致不一，百衲琴的木料平均密度也超出普通古琴。

同时，在古琴鉴定领域中，"重如铁"和"轻如叶"的琴都可能是一张好琴。百衲琴就是"重如铁"的典型代表。

4. 底板的匹配

制作百衲琴时，面板材料优良，而且拼缝之间全部使用大漆黏合，比重远超普通古琴。为此，需要加强底板的厚度和强度与之匹配。

一般来说，普通古琴的底板厚度为8毫米-9毫米，而为了加强百衲琴底板的反射力度，应将其底板厚度设计为10毫米以上。甚至，有些形制宽大的古琴，如伏羲式和落霞式等，相应的底板厚度应该达到12毫米-14毫米，如此方得阴阳平衡。

同时，在传统古琴制作中，历来都有"阴阳琴"（面底板木材不同）和"纯阳琴"（面底板木材相同）的区分。但制作百衲琴时，必须采用"阴阳琴"做法，即底板使用材料强度更高的梓木原料。

5. 音色特征

百衲琴制成之初，通常质量极重，声音紧而匀称，因此不易发出洪亮、宏大的音色。和普通古琴相比，百衲琴释放应力时间将更久，大漆干透周期更长。

百衲琴的音色非常匀称。演奏百衲琴时，琴声有一种想象不到的均匀。特别是弹奏高音时，百衲琴的面板似乎更利于带动低音部分的琴腔共同振动。而且，中音区域和低音区域的振动感受非常接近。这种特殊的感受对古琴演奏者来说是很奇妙的，是与普通古琴截然不同的。

百衲琴的高音区域音色非常饱满、洪亮。古琴是拨弦乐器。弹奏"按音"时，演奏者通过左手将琴弦按压在琴面上后，用右手击弦发出声音。因此，此时古琴实际有效弦长为左手按弦位置到"岳山"的距离。而古琴的器乐特征为，演奏中低音时，有效弦长较大，琴弦振动充分，音色饱满、洪亮；演奏高音时，须将左手大拇指的指甲略微向琴头方向偏转，并使用更多指甲面积才能按实琴弦。由此可见，尽管声音从客观上、物理上均可达到相应音高，但琴弦和琴腔的振动不充分，余音衰减很快，浑厚感不足。

令人欣喜的是，似乎百衲琴优化了上述问题。笔者曾经制作过十几张百衲琴。从有限的经验来看，百衲琴的高音区音色非常出色，饱满且结实，琴弦和整体琴腔和谐振动程度远超普通古琴。这个现象是我始料未及的，但在长期实践中，似乎已成为一个经得起考验的规律。

百衲琴音色给人最重要和直观的感受是"泛音"质量奇佳，"金石之气"十足。但是，在使用新制作的古琴弹奏"按音"时，则"皮鼓之声"稍有欠缺。

一般来说，所有弦乐器都有泛音，特别是位于有效弦长中点位置的泛音更加清晰、饱满。古琴是世界上泛音最丰富的乐器之一，而且常以多个泛音直接构成旋律。这个特点和其他弦乐器迥异。而恰恰是百衲琴的结构使得泛音得以呈现前所未有的饱满和结实程度。因此，使用百衲琴演奏泛音段落时的痛快淋漓，只要稍有经验的演奏者即可明确感知。

而对于新制百衲琴按音音色稍紧的现象，则可以用更开放的心态去对待。事实上，对于一张古琴来说，无论是面板木料还是灰胎，其材料和结构越紧密，则声音越紧；反之，则声音大而松。

例如，清代和民国时期制作的古琴多以"瓦灰"作为灰胎材料。新琴音量似乎更大，但通常松而无力，三五年后将越来越空洞。同理，当代许多使用低密度、速生的"泡桐"木料制作面板的古琴亦是如此。

而在中国国家博物馆珍藏的一张明代晚期的"潞王中和琴"则为反例。当年，明代的藩王一定使用了极高等级的坚硬材料制作"八宝灰胎"，以至于五百年过后，整张琴面几乎没有一根断纹。黑漆洒朱绿色的漆面晶莹古雅，光华内敛，像极了优质的大理石。凭经验即可以断定，这张琴在新制成的前100年里，或许泛音不错，但很难发出松透的按音。但是，这丝毫不影响它成为一张难得的传世好琴。

因此，当古琴制作者真正对古琴制作中所有的工艺、材料、结构，以及由此产生的音色变化的可能性全部了然于胸后，剩下的主要取决于制作者本人的审美和选择。

由此，笔者认为，当代优秀的古琴制作者也应该有自信为五百年，甚至一千年后立标杆，而非仅仅关注眼前的音量大小。

而作为演奏者则应理解天地中和之美。更何况，左琴右书，与琴共老，随着岁月流逝，琴声逐渐松透，断纹陆续出现，人生则走向豁达和从容，难道不是一件美妙的事情吗？

总的来说，百衲琴音色和演奏时的感受提升了本人在古琴制作中对材料、工艺和音色关系的理解。这就是百衲琴的魅力，是一种均衡的魅力。

百衲琴的面板使用优质小块木料。笔者曾遇见一些来源特殊的木料。

2011年，笔者与朋友同游浙江普陀山。普陀山名刹众多，如法雨禅寺、普济禅寺、慧济禅寺等，无一不是香火缭绕，一派庄严。其中，法雨禅寺有九龙观音殿，殿内九龙藻井及部分琉璃瓦具系从南京明代宫殿拆迁而来，木雕细致传神，精巧生动。九龙藻井被誉为普陀山三宝之一。康熙三十八年（1699年）清朝廷又赐金修寺，修缮大殿，并赐"天华法雨""法雨禅寺"两块匾额。

经朋友介绍，偶识一位朱先生，甚奇。朱先生早年经历复杂，海上捕鱼经年。如今在普陀山置办产业，开设餐厅和住宿业务。席间闲聊时，朱先生谈及一个法雨禅寺敲了几十年而毁损的大木鱼。当时我即兴趣盎然。试想，既是名寺木鱼，定为老料，更有古刹庄严、庙宇森森的氛围熏陶，数十年来，为众位高僧大德念诵加持，若将其中木料切割制作百衲琴面板，岂不甚佳？

奈何，几乎磨破嘴皮，朱先生终不肯割爱。君子不夺人之所好，只得作罢。然而，此后几年，这事始终萦绕心头，不得释怀。

2017年，我被评选为2017年度"上海工匠"后，上海市总工会在浦东唐镇授予我建立"大师工作室"。

浦东的唐镇有一座非常有名的宗教建筑国庆寺。

国庆寺最初为纪念明代爱国将领、抗倭民族英雄俞大猷所建，近年已修缮一新。

有一次，我太太与国庆寺住持演音大和尚闲谈，聊起我在普陀山遇大木鱼，但求而不得的往事。不想大和尚告知：宗教场所的木质品经长年累月使用，终有损坏，通常存放于仓库，且不会被轻易遗弃。大和尚当即表示，乐意帮忙寻求高规格之法器残件供我制琴。太太回家告知，不由感慨，一切皆有因缘。

参考图 40：百衲面板

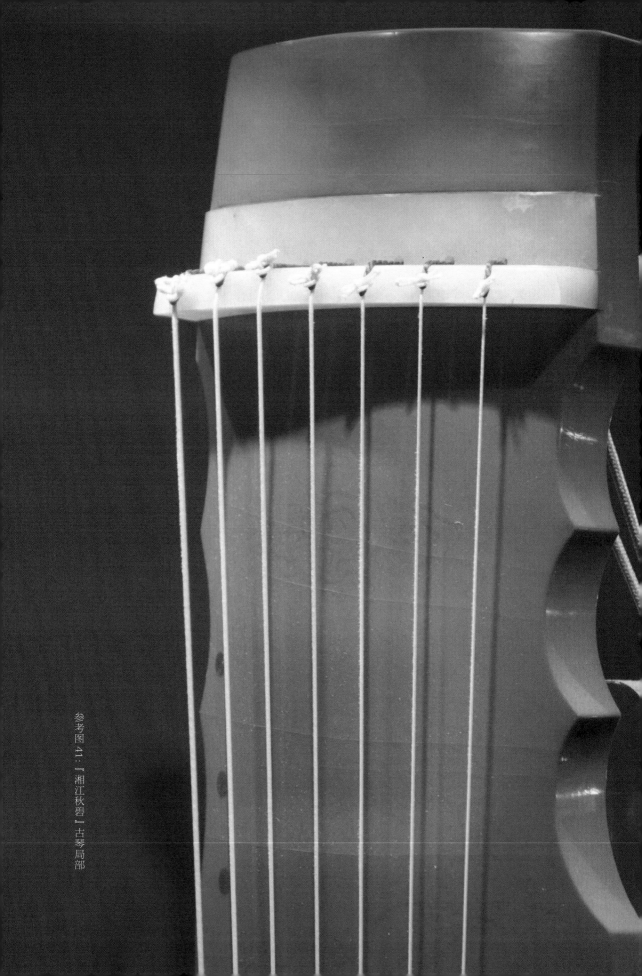

在中国古琴制作史上，历来有"宝琴"和"素琴"之分。

素琴是指没有经过"华绘雕琢、布藻垂文"（语出嵇康的《琴赋》）的古琴。据《晋书》记载：陶渊明"性不解音，而蓄素琴一张，弦徽不具"，并自称"但识琴中趣，何劳弦上声"。唐代文学家刘禹锡的《陋室铭》曰："可以调素琴，阅金经。无丝竹之乱耳，无案牍之劳形。"由此可见，"素琴"既可以理解为"装饰朴素的古琴"，也可以直接代指古琴。

与素琴相反，宝琴是指经过华丽镶嵌装饰的古琴。据宋虞汝明《古琴疏》记载："邹屠氏，帝喾之妃也。以碧瑶之梓为琴，饰以雩珡宝玉，故名曰'雩珡'。"依据汉代刘歆《西京杂记》的记录，"汉高祖初入咸阳，周行府库。金玉珍宝，不可称言"。"有琴长六尺，安十三弦、二十六徽，皆用七宝饰之，铭曰：'璠玙之乐'。"

自西汉开始，琴上的装饰已由嵌玉徽发展为嵌金玉制作的龙凤螭鸾和古贤烈女之像。宋朱长文在《琴史》中写道："孝成赵后……亦善鼓琴，为归风送远之操，有宝琴曰'凤凰'，以金玉隐起为龙凤螭鸾、古贤烈女之像。"从山东嘉祥汉画像石和湖南马王堆一号墓出土的帛画，我们可以想见"凤凰"琴上的图像风格。

西晋时期，大琴家嵇康的古琴上饰有犀角、象牙、孔雀石雕刻和彩绘花草、龙凤，以及伯牙和子期相遇弹琴的故事图像。其色彩的华丽从嵇康的《琴赋》中可想而知："华绘雕琢，布藻垂文；错以犀象，藉以翠绿；弦以园客之丝，徽以钟山之玉。爰有龙凤之象、古人之形；伯牙挥手，钟期听声。华容灼烁，发采扬明，何其丽也！"

及至南朝时期，用金银镶嵌成的琴名已经出现。《古琴疏》记载，"梁武帝赐张士简率玉琴一张，琴首金嵌'灌木春莺'四字，遒劲有法"。

由此可见，汉魏六朝是"宝琴"发展的极盛时期，古琴上多有金银、玉石、犀象雕刻的镶嵌和彩绘结合的图像纹饰。这种讲求绚丽色彩的工艺和艺术风格，与当时行华丽词藻的文学风尚，似乎是一脉相承的，也是上层人物在生活上奢侈斗富的一种表现。

然而，繁荣的盛唐在遭受"安史之乱"以后，社会经济凋敝，因此，唐肃宗李亨崇尚节俭。根据《资治通鉴》记载，至德二年（757年）十二月戊午，有"禁珠玉、宝钿、平脱、金泥、刺绣"的诏令。在这种形势之下，富丽堂皇的宝琴遂趋于消亡。

目前，从可见的古琴文物来看，唐、宋、元、明、清历代并无"宝琴"实物传世。即使如故宫博物院珍藏的4张唐琴，亦均为素漆髹饰的"素琴"。

传世"宝琴"的孤品是现藏于日本奈良正仓院的金银平文琴。在这张唐代制作的古琴上，琴面上端项部锦纹格方界，嵌有金质薄片髹饰；三位戴冠高士，各着宽袍广袖，跣足盘坐树下，居中文士弹奏阮咸，左方文士弹唱古琴，右方文士衔醪畅饮，中间布置酒馔饮食；三位高士的上方，云山飘渺，左右两侧，分列一位执幡骑乘鸾凤仙人；方界背景图案，复以竹林、树木、岩石、流云、鹤鸟、蜂蝶、孔雀、长尾鸟等纹饰点缀其间，颇有踏入洞天福地、人间仙境之感。金质方界外侧山间，为二骑鹤童子；方界下方树林，又有两位来自西域的胡人面貌文士，执觚饮酒，鼓琴作乐。整个琴面的人物背景构图，脱胎自南朝以来寄托在竹林山泽之间的超然清游之理想境界。整张古琴制作精良、华美，一千多年过去，依然光彩无比，珍贵非常。

自宋明以来，中国古琴制作几乎完全是"素琴"的天下。而采用高度镶嵌工艺的古琴只是偶尔出现在极其高规格的场合之中。例如：

九百年前，宋徽宗赵佶绘制的《听琴图》是一张几乎家喻户晓的古代绘画。在极其写实的画面上，我们可以清晰地看到：宋徽宗本人（演奏者）手中的古琴上，其重要配件，如岳山、承露等，均以浅色的白玉或象牙制成。

参考图 43：宋徽宗赵佶《听琴图》（局部）（故宫博物院提供）

明代是古琴发展的高峰时期。从明代传世古琴来看，特别是明代皇室和宗藩制作的古琴，又多次出现"宝琴"制作的新尝试。例如，故宫博物院珍藏的"月明沧海"琴，即以碧玉制作冠角、龙龈、岳山、承露等配件。明代晚期潞王制作的"中和琴"更将这种玉质配件镶嵌艺术发展到登峰造极的程度。不但上述配件均使用玉质材料，而且连底板上的两个出音孔和轸池周围也均镶满白玉配件，奢华极了。

清代乾隆皇帝也做过制作"宝琴"的尝试。2016年10月5日，苏富比拍卖行在香港举行中国艺术品秋拍。一张清朝乾隆御制"湘江秋碧"琴最终以5 564万港元的成交价刷新中国清代乐器拍卖纪录。根据相关记载，乾隆皇帝登基以前曾于"补桐书屋"读书。书屋门前种有两棵梧桐老树，相厮相伴，后来双桐相继枯死。乾隆忆旧，于是下旨以其木材制成四琴，并各赐其名和题诗。"湘江秋碧"琴正是其中之一。

这张"湘江秋碧"琴全长101厘米。通体仿刻梅花断纹，琴面、琴边发连体小蛇腹断纹。琴面岳山至七徽处绘有祥云闲鹤。琴轸、雁足等刻有鹤舞祥云纹，填以金漆，与琴面所绘相互映趣。琴底龙池、凤沼等为如意椭圆形设计，更于龙池、雁足间开二寸许椭圆音孔，可以清晰看到乾隆的题识。

另外，在清代中期，日本造过一张"莳绘"工艺的古琴呈送清廷。这张琴一直被收藏于紫禁城之内。清帝退位之后，在宁寿宫东院的室中被发现。此琴为仲尼式，

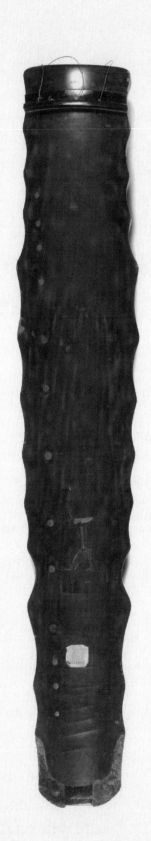

参考图 45：故宫藏清代金漆花鸟古琴

参考图 44：故宫藏"月明沧海"落霞式古琴

（故宫博物院提供）

通长113.7厘米、肩宽17.5厘米、尾宽12厘米、厚3.9厘米。在黑漆地上作描金洒金装饰，琴面及底部分别作有成组的山石花鸟纹，部分花纹凸起高于琴面之上。因此，琴弦之下起伏不平。琴额之上饰描金龙纹，两侧作四瓣连续花纹，黑漆极明亮，光可鉴人。玉轸足，金徽已不全，腹内有墨书，字迹模糊，有"真龙三年"字样。就其装饰风格与髹漆工艺来看，一望而知是东洋的舶来物品。

总的来说，不管是饰以黑漆、朱漆或朱黑相间的栗壳色漆，还是在漆上施以泥金、泥银或漆灰中杂有孔雀石、石决明、金和铜末的八宝灰胎，或装有金、玉、绿松石的琴徽等，从当代的学术观点来看，即使额外施加了上述装饰工艺，这些古琴仍然被视为"素琴"。

毕竟，从宋明之后，即使相关制琴者做了一些镶嵌玉质配件的尝试，和魏晋时期的"宝琴"相比，也是不可同日而语的。

时至今日，作为当代的古琴制作传承者，我总是试图从两个角度深入推进制琴实践。一方面，坚持不懈地临摹古代优秀作品，即复制唐代传世古琴文物（素琴），采用跟唐代古琴完全相同的材料、工艺、外观造型、共鸣腔结构等，在形似和神合之中，不断获取古人制琴艺术的养分。另一方面，在恪守古法的前提下，将百衲面板、八宝灰胎、金徽、玉轸、玉质雁足，乃至牙雕或全玉制作冠角、龙龈、龈托、尾托、承露、岳山等高端的传统工艺，和谐地集中在一张古琴之中。这样的做法既是向古人致敬，也是冀望能够综合当代的审美和最高工艺水平，做出可以传世的艺术作品。

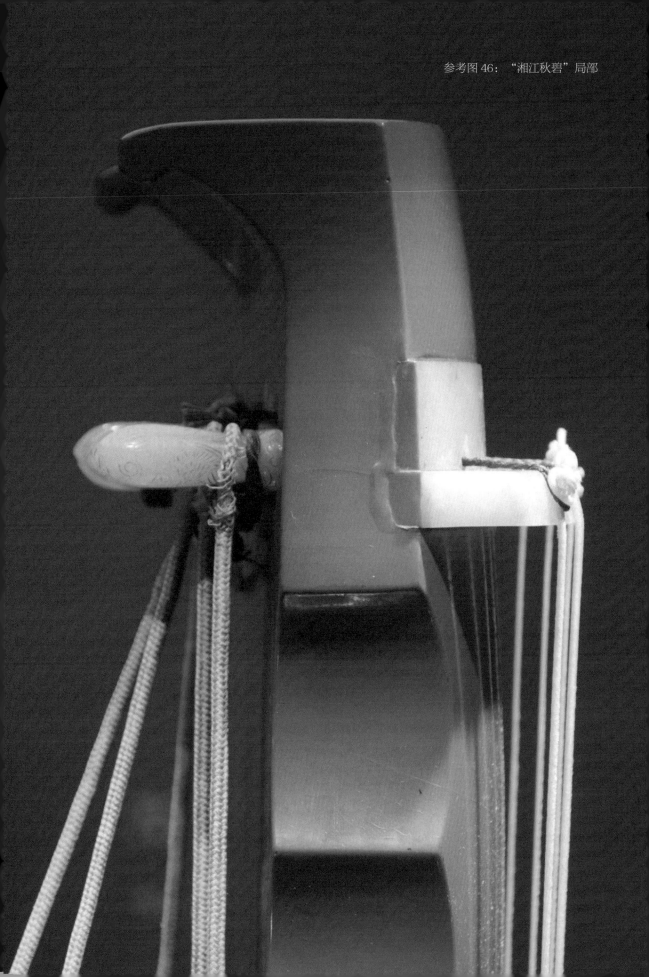

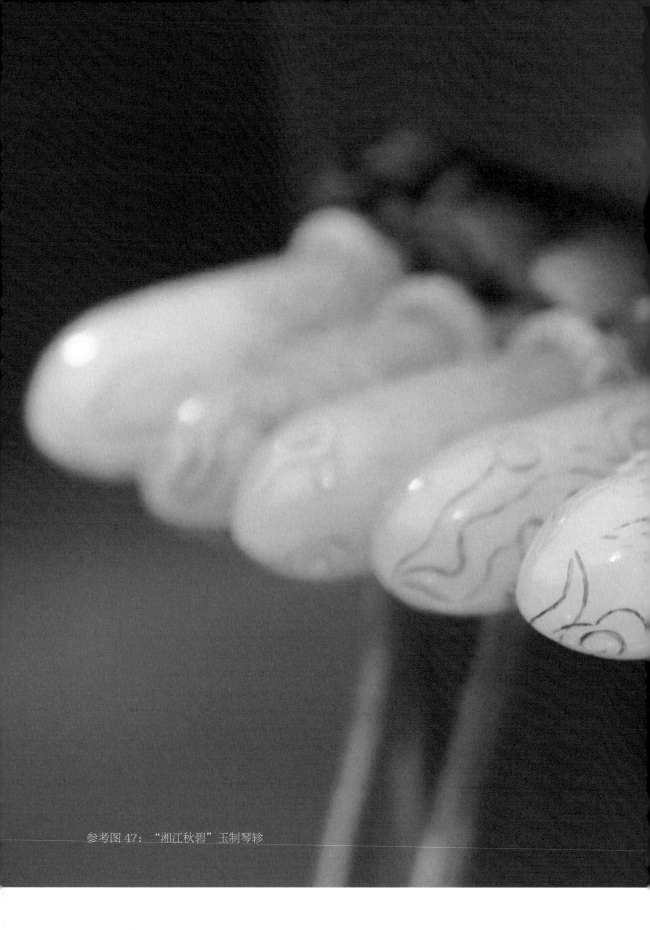

参考图 47："湘江秋碧"玉制琴轸

所谓的"纯阳琴"是指面板和底板都使用同一种木质制作的古琴。

一般来说，古琴的面板需要产生更好的振动，并将此振动传递给整个共鸣腔。因此，面板采用比较柔软的杉木或者是桐木来制作。古琴底板的主要作用是反射声音。为此，一般来说底板选择比面板硬度稍高的梓木来制作。

面板柔软，且在上，因此被称之为"阳"；底板坚硬，且在下，故谓之"阴"。这样的古琴即为"阴阳琴"。有"阴阳琴"，便有"纯阳琴"。所谓"纯阳琴"，即面板和底板使用同样材料制作的古琴。

自古至今，大多数古琴均为"阴阳琴"。例如故宫博物院所藏数十张古琴中，已经公布在出版物上的46张无一为"纯阳琴"。在《故宫古琴》一书中，有些古琴明确标注"桐面梓底"，有些古琴只标注"桐木"或"杉木"，只有一张"金陵易少山斫制"的清代"仲尼式"古琴，明确标注为"桐面杉底"。虽然，杉木和桐木均为制作古琴面板之传统木材，但总体来说，相较杉木而言，桐木质地更柔软，因此，这张古琴仍然算不上是"纯阳琴"。

阴阳琴和纯阳琴的音色区别，历来并无明确断论。总体来说，阴阳琴的音色更加明亮、圆润和结实，而纯阳琴音色线条不明显，更加温和与内敛一些。

有一个比较有趣的现象是，阴阳琴的音色受气候影响较大。在特别潮湿的阴雨天，例如江南的梅雨季节，阴阳琴就会音色沉闷、发涩，变得不够响亮。而纯阳琴音色原本就不是很明亮，因此影响有限。

产生这样的结果，或许是因为面板和底板材质一致，两者更加和谐。在极端温湿度变化条件下，古琴音色变化反而较小。

参考图 48: 桐木

四 仿断纹大漆工艺

在中国的古琴大漆工艺中，历来就有制作仿断纹的传统，从传世的古琴制作相关典籍中就可以看到有关的制作手法。其实，在一些山西制作的大漆家具中，这种仿断纹工艺的应用非常普遍。近年来，诸多古琴制作者开始制作仿断纹古琴，而且水平也越来越高，外观效果越来越逼真。

从本质上来说，仿断纹工艺就是将古琴灰胎进行非自然的破坏和催熟，使之提前老化、龟裂，然后，在灰胎外罩一道透明漆。

从工艺上来说，把漆灰割断的方法有多种：有些是利用急剧的冷热环境温度的变化，强行使古琴灰胎提前老化；有的直接使用工具，把古琴灰胎割断。前者

参考图 49：仿制的断纹 ｜ 参考图 50：易损的断纹

的断纹相对自然，后者人工痕迹更加明显。

因此，无论从什么角度看，制作仿断纹都是对古琴灰胎的强制性破坏。

当代制作的一些仿断纹古琴价格定位很高，但质量上反而不如朴素的传统大漆工艺古琴。仅需几年，诸多弊端便可显现，例如琴面起壳，演奏按音产生大量煞音。还有一些仿断纹古琴使用了特殊黏合剂，每到阴雨天气，会从人工制作的断纹中，不断向外溢出黏稠胶状物质。

在古琴制作工艺中，大漆的最初目的就是保护古琴。从顾恺之《斫琴图》上可以看出，使用两块相同大小木料合起来制作古琴的做法，早在一千七百年前的南北朝时期就已经形成。然而，正是由于当时还没有应用后来的大漆工艺保护古琴，时至今日，我们看不到唐代以前的古琴。那些传世的唐代古琴，尽管经历了一千三百多年，但是还能发出高、古、松、透的天籁之声，这一切，大漆工艺功不可没。

由此可见，制作仿断纹古琴，用人工的手段强迫古琴灰胎提前老化、龟裂，甚至人为地割断灰胎，这些都与古人的初心背道而驰。无论是古琴，还是其他艺术作品，历史上都有很多仿制前朝的先例。这样的行为一般有两个目的：一是对前朝艺术的"致敬"，例如清朝的雍正皇帝非常欣赏宋代瓷器，于是下令仿制，在这些仿制瓷器的底部，清晰地标明"雍正"年款；二是牟利，无论是冒充古代古琴，抑或迎合一部分购琴者的虚荣，均不可取。

明代初年，刘伯温的名篇《工之侨献琴》就在讲述仿断纹古琴。有一个叫工之侨的人，得到一块上好的桐木，制成好琴，装上琴弦，弹奏起来有金玉之声。他自认为这是天下最好的古琴，就呈献朝廷。然而，主管人让乐师看后，乐师说："这不是古董古琴。"于是，古琴退还。工之侨回家后，让漆匠描绘残断不齐的花纹，让刻工雕刻古代的纹理，把古琴装入匣子，深埋泥土之中。过了一年，工之侨将这张古琴取出，抱到集市。有个达官贵人就用很多黄金购买，还进献朝廷。乐官们传递着观赏，都说："这琴真是世上少有的珍品啊！"工之侨听说后，非常感慨。

看来，自古以来，能够真正理解中国古琴所蕴涵之朴素人文精神的人，本来就不多。这也是一种知音难得。尽管现今仿断纹古琴的制作工艺已经非常成熟，但笔者并不赞同这种做法，而希望传承古人典籍，融合自身经验，制作更多值得传世的古琴。

五 七宝砂大漆工艺

七宝砂大漆工艺是福州脱胎漆器中非常重要的工艺之一。运用七宝砂工艺制成的艺术品富贵华丽、灿烂夺目，具有非常鲜明的艺术特征。但在传世的古琴中，并无使用这项工艺的实物流传下来。

在唐朝或唐朝以前，中国的古人将古琴分为"素琴"和"宝琴"两种。宝琴，通常使用漂亮的螺钿，或其他珍贵材料镶嵌成各种美丽的图案。而素琴，则是纯粹使用大漆做成一色的古琴。

在中国传世的古琴中几乎没有宝琴的身影。在日本奈良东大寺的正仓院，藏有一张"金银平文琴"，是传世宝琴的一件代表作品。

金银平文琴在日本嵯峨天皇弘仁八年（公元817年，唐宪宗元和十二年）五月被收入正仓院宝库中。龙池下用楷书刻有琴铭："琴之在音，荡涤邪心。虽有正性，

参考图 51：日本正仓院藏金银平文琴（引自《正仓院展图册》）

其感亦深。存雅却郑，浮侈是禁。条畅和正，乐而不淫。"琴面大漆有冰纹断，表面装饰人物鸟兽草木花纹。

这张金银平文琴制作精致华丽，其繁复的装饰纹样显示了那个时代金银平文技艺的精湛。金银平文技艺是工匠将金银熔化后制成箔片，剪镂出各种花纹，用胶漆将其贴于琴面；然后，在纹饰上髹漆两三层，待干后磨去或剥去漆层，漆层下的金银纹饰便重新显露出来，灿烂夺目。

2019年10月—11月，为纪念日本令和天皇登基，正仓院的这张古琴出现在奈良国立博物馆的展馆里，距离上一次1999年的展出已时隔二十年。现场观摩，此琴的确光彩夺目，令人叹为观止。

在古琴中，"素琴"非常普遍。一千六百年前，在关于陶渊明的记载中，就有"常蓄素琴一张"之说。中国传世的历代唐、宋、元、明、的古琴，包括故宫博物院收藏的古琴，都是素琴。即使有些传世古琴从表面来看红黑相间、斑驳陆离，其实也是使用朱漆作底、黑漆罩面的工艺。经历久远岁月，产生断纹后，会有斑驳纹理，这并非特殊工艺。

在日本，也有素琴传世。日本奈良的法隆寺，始建于中国隋代，寺内藏有一张黑漆素琴。这张古琴的形制、大小和正仓院的金银平文琴非常接近，现在被东京国立博物馆收藏。

中国传统髹漆工艺，从清代以来，水平大幅下降。而古琴制作的重要工艺步骤就是髹漆。在笔者学习古琴制作之时，老先生们均可对髹漆工艺作大致描述。但是，为掌握更高水平髹漆技艺，笔者经历了另外两条道路。

第一，"礼失而求诸野"。既然在古琴制作领域中，没有最优秀的髹漆工艺老师，那便从漆器制作行业内寻求。

第二，取法乎上，在历代传世古琴制作典籍中寻求。

笔者曾遍访国内髹漆工艺最具代表性的三个城市：山西平遥，那里有推光漆；

扬州，那里的特色是镶嵌漆器；福州，那里是脱胎漆器的故乡。事实上，随着通信工具的发展，社会交流成本下降，三个城市的髹漆技艺大同小异。总体来说，福州脱胎漆器工艺更为细腻和精湛，而且漆艺从业人员的综合水准更高。

二十世纪七十年代，湖南出土了马王堆汉墓，汉墓中包含大量精美的漆器。当时周恩来总理指示，须成立福州脱胎漆器厂，专门复制马王堆的出土漆器作为国家礼品。于是，在福州先后成立了第一脱胎漆器厂和第二脱胎漆器厂，员工规模达上千人。之后，在福州闽侯地区又衍生出大量社办脱胎漆器厂家。因此，福州储备了大量脱胎漆艺传承人才，脱胎漆器技艺得以很好的继承。

参考图 52：精美漆器 ｜ 参考图 53：精美漆器

在福州，笔者完整学习了"七宝砂"工艺。

七宝砂大漆工艺流程为：灰胎完工后，先做第一道推光漆；将黄金或白银制作的金粉或金箔张贴在灰胎表面；然后，再涂刷一道推光漆；最终，用砂纸磨出漂亮的自然纹理。

七宝砂工艺最终呈现完全自然的纹理，其效果主要取决于控制砂纸打磨的程度。若打磨程度高，则绿色多，金色少，反之，则金色的面积更大。这种工艺不但富丽堂皇，而且，完全呈现自然的艺术线条和颗粒分布，是完美反映制作者本人审美情趣的一种工艺。

笔者曾尝试使用七宝砂髹漆工艺制作过多张古琴，均富贵逼人、光彩四射，确实别具风貌。然而，中国传统文化更讲究君子涵养中和之气、温文尔雅、清微淡远。因此，七宝砂华丽富贵的外观和古琴本身推崇的氛围似乎不无冲突。但是，如果纯粹从髹漆艺术来看，它仍然是一件漂亮的、令人动心的艺术品。

参考图 54：七宝砂髹饰古琴

操作流程

- 第一道推光漆和补针眼。
- 琴面满刷一遍黑色推光漆，注意避免琴面遗留大颗粒灰尘和脱毛。
- 送荫房水平放置，阴干。
- 用240目砂纸，打磨琴面明显突出点至平整，用湿抹布擦干净。
- 用生漆＋提庄漆＋特细鹿角霜（大于120目），调制成漆灰。
- 琴面明显凹点（针眼）用特细灰批刮填补。
- 送荫房水平放置，阴干。
- 用240—280目水砂纸，水磨漆面至平整。
- 安装琴徽。
- 贴金箔（或贴银箔）。
- 琴面用丝瓜囊沾色漆（推捻子），用绿＋红等色，在琴体表面点缀后送荫房水平放置，阴干。
- 琴体表面涂刷金胶油，送荫房中保存数小时。
- 待金胶油半干时，取出金箔（银箔），将金箔（银箔）均匀贴合到琴体表面，用刷笔刷去表面的粉屑，再用棉球擦拭，将琴体表面擦干净。
- 将贴好金箔的古琴送荫房水平放置，阴干48小时以上。
- 第三道推光漆。
- 取出已贴好金箔的古琴，用棉球清洁琴体表面。
- 琴面满刷一遍特透明推光漆。
- 送荫房水平放置，阴干48小时以上。
- 水磨推光。
- 用1000目砂纸水磨漆面，磨破表漆至斑驳图案。
- 用2000目砂纸水磨漆面，再用3000目砂纸水磨漆面。
- 用头发蘸特细瓦灰推光漆面。
- 琴面抛光，用棉布及头发丝蘸植物油在琴面上擦拭，使琴面光亮。
- 揩青，用提庄漆擦拭琴体，送荫房等待，到将干未干之时取出，用细软棉布反复擦拭。此过程可重复多次进行。
- 退青，用手掌在琴面上重复抚擦，使漆面呈圆润厚泽之光。

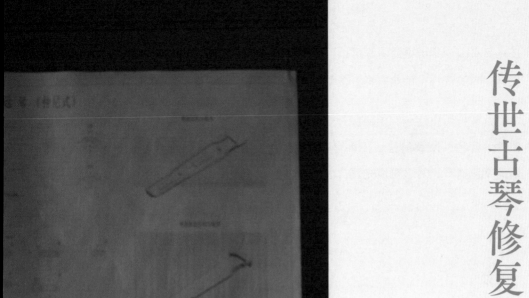

第九章

传世古琴修复

具有多少年历史的古琴可以称为传世古琴，或古董古琴，目前没有严格的学术定义。一般来说，行业内将一百年以前斫制的古琴均视为传世古琴，俗称"老琴"。

古琴虽历史悠久，但历经社会动荡、兵火之灾，老琴并不多见。其中，造型、质地、音色、断纹俱佳，传承有序的老琴更是寥若晨星。为了更好地保护这些珍贵的文化遗产，使之重焕光彩，老琴修复刻不容缓。

一 修复核心原则

老琴修复是一门很精巧的工艺，在修复的过程中，要始终秉持如下核心原则，才能使得老琴显示出全新的色泽与历史的风采。

第一，尽可能修旧如旧。修复时，应注意维持其外观的色泽，保持修复前后风格的统一，使老琴显示其深厚的历史积淀。

第二，必须遵循传统的制作技艺。

第三，必须使用纯天然传统材料，例如鱼鳔、鹿角霜、大漆、木料等。在材料选择上，应与老琴的原先材料尽量保持一致。由此，可保持色调和音韵之和谐，保留其历史感。若确实缺少相匹配之天然材料，则仍须选用相近材料，以便最大程度接近旧貌。

第四，老琴为木质，毕竟易朽。故应尽可能使得老琴的结构更加坚固，使其风采更长久传承。

第五，尽量不要"剖腹"。所谓"剖腹"，即将老琴之面板和底板完全分开，对其槽腹结构作相应调整。通常，一些年代比较久远的古琴，由于腹腔结构（槽腹）长年裸露于空气中，经过几百年甚至更长时间的弹奏、搬运、存放，腹腔内积累很多灰尘，难以彻底清除。或者，一些老琴的腹腔结构不尽合理，具有先天性结构缺陷，导致音色不佳。因此，一些修琴者期望通过"剖腹"手段进行彻底改善。但是，总体来说，传世老琴不但是一件乐器，更是承载文脉的文物。而"剖腹"对于老琴的外观和音色，都会带来极大的变更。而且，修补时使用的灰胎、漆胶难以和原始的灰胎、漆胶彻底融合。故经过剖腹的老琴，沿着面板和底板的重合位置，会产生一条永久的拼缝痕迹，因此，必须慎之又慎。

第六，正式开始修复前，若遇不能确认的内容，须保持"抱残守缺"的心态，修复工艺和手段宁缺毋滥。宁愿保留现状，也不要唐突行事，贸然动手，产生不可逆的损害。

二

修复者的素养

修复老琴对于修复者的综合能力要求很高，合格的老琴修复者必须同时具备如下素养：

第一，懂古琴鉴赏，懂得传世古琴断代。修复者必须明确判断待修复的老琴的斫制年代，如此，方可尽量使用同时代的材料和工艺实施修复。传世老琴的鉴赏和鉴定是一门独立的巨大学问。对修琴者来说，要求很高。

第二，懂演奏。传世老琴经过几百年甚至更长时间的传承，一般存在各种缺损和缺陷。因为材料或工艺的原因，未必可以一次性将所有缺憾全部修正。若为了修复某一细节，须大动干戈时，尤须反复斟酌。因此，修琴者须以演奏家的角度和思维做出综合判断。若不影响演奏，则"抱残守缺"也是一种崇尚自然的选择。

第三，懂制作。修复老琴的过程是当年制琴过程的再现。若老琴灰胎损坏，则应严格根据传统古琴制作工艺流程进行修补，即调和接近当时质地的粗灰，对老琴的粗灰层进行填补，再调和接近那个时代的中灰，补平中灰层，最后使用相应细灰，修补老琴的细灰层。

第四，懂历代材料和工艺。不同时代的古琴制作，通常使用不同的材料和工艺。例如，唐代制作的古琴灰胎多由鹿角霜和大漆混合构成，且用麻布裱裹；清代古琴多以瓦灰为材料制作灰胎，且可能是纸底裱裹或无底。因此，作为修琴者，既要有预期判断，又须通过观察实物取得印证。最后，寻求相应材料，尽量按当时的工艺修补。

最后，一个合格的老琴修复者应理解历代老琴在审美和气质上的表达特征，如唐代古琴的雄壮和磅礴，宋代古琴的棱线精致和品味，明代藩王制琴之用料讲究和富丽华贵，清代古琴的硬木配件雕琢习惯。应既知晓古人的艺术取向，又有自己的综合审美能力。如此，方可做出全面判断，并运用传统工艺实施修复。

由此可见，修琴者的综合素养，应远高于一个普通的古琴制作者。

三 前期准备

第一，全面检测。每一张老琴修复之前，应全面检测其长、宽、高等基础数据信息，对损伤部位进行全部记录，包括灰胎破损、配件缺失、硬木配件开裂、琴体"躬背""塌腰"、扭曲等信息。均须记录数据、拍摄照片，配以详尽的文字说明。

第二，为每一张老琴，专门建立《修复档案》。

第三，订立两套初步修复计划。根据鉴赏者的不同身份，传世古琴的鉴赏和修复思路可以分为两个方向，即"收藏家方案"和"演奏家方案"。收藏家群体关注的主要内容为老琴的年份、文物的信息、收藏历史的沿革，特别是老琴皮壳品相的完整性、断纹外观。一般来说，对于音色和演奏便利度相对关注较少。演奏家群体虽然也关心老琴的年代和外观信息，但同时，更加注重老琴的音色和演奏功能。因此，老琴修复的初步计划应按上述两个思路分别制订。

在"收藏家方案"中，应更加注重保存文物原貌，例如容忍不是特别严重的"煞音"，尽量减少打磨"弦路"以下的琴面等；在"演奏家方案"中，则更偏重于琴面煞音、下凹弧度、岳山与琴面弧度的配合、"躬背"和"塌腰"矫正等。

第四，听取他人意见。将上述两个方案均作为备选方案。可征询老琴所有者的意愿，亦可听取其他古琴修复专家之建议，经过综合消化沉淀，做出最后决定。事实上，最终的修复方案可能两者兼而有之。

第五，合适的修复环境。老琴修复所需工具、时间周期与新琴制作不尽相同。例如修复老琴"躬背""塌腰""扭曲"等状况时，须使用台虎钳等工具，并敷以湿毛巾进行恢复方向的扭转，且恢复扭转的时间为一个月至三个月不等。而新琴制作流程可以顺序而为。因此，必须预先安排独立的老琴修复环境。

第六，组织修复材料和工具。制作老琴的材料未必为新琴常用，因此，应事先制订所有计划，安排独立环境，事先准备整个修复过程中所需材料和工具。

四 修复工艺

老琴修复"千琴千面"，没有定法。但可以在遵循上述原则前提下，按如下流程，分别检测和修理。

脱胶开裂

老琴的面板和底板若脱胶开裂，或个别构件松离脱落的，首先应将其恢复黏合。黏合剂应采用鱼胶，或由大漆调和面粉而成的天然材料。

操作流程

- 采取刷、剔、吹等方法，先除去浮灰。
- 以小刀、薄钢片，或使用细木砂纸，将老旧的胶水尽除。
- 将鱼胶趁热均匀涂入待胶合之处，使用绳索绑定或用 G 字夹固定。
- 使用绳索绑定的，注意不要产生勒痕。使用夹具的，与琴体接触部位须垫橡皮或厚布等软物，以防接触部位外观受损。
- 质地松朽的老琴，若使用绳索或夹具固定，漆面和灰胎容易局部塌陷，出现凹痕。故应事先检查，并在朽弱的部位做上标记。操作时须避免触碰。

- 使用大漆胶合的，可将大漆调和适当比例面粉，涂于开裂之处，用绳绑或用 G 字夹固定，送荫房固化一周以上。

参考图 55：修复老琴

琴体变形

老琴若琴体变形，则须较长时间才可恢复，且所有恢复手段宜缓和而有韧劲。可使用物理拉伸的方法，充分运用湿热水分的反复变化，使其恢复原位。

操作流程

- 在平整的工作台上，先检测琴体变形的位置与变形尺寸，并作好详细记录。
- 使用湿布包裹在琴面扭曲处，将老琴置于校正台上。固定后使用 G 字夹，对变形部位施以与之相反方向的作用力。
- 注意，必须一边增加力量，一边检测数据变化，循序渐进。
- 在确认不破坏材料的前提下，校正幅度应达到变形尺寸为零，甚至过头少许。
- 在校正期间，应始终保持布条潮湿，并周期性使用烘枪加热变形部位。但要注意用烘枪加热时不得温度过高或使布条完全干燥。
- 维持上述状态至少一周。
- 随时检测数据。
- 一周后，撤除外力，使其放松至自然状态。
- 检测、记录变形位置的尺寸变化。
- 将老琴放松三天后，再次记录数据。若老琴又恢复"变形"，则应重复上述过程，直到校正位置偏差为零。

塌　腰

老琴的各类变形中，"塌腰"（琴体向地面塌陷）是较常见的情况。老琴发生"塌腰"时，外在表现为岳山太高，琴弦离开琴面太远，影响弹奏。此时，万勿轻易降低岳山高度。原因如下：第一，保守来说，老琴上的原始构件不宜轻易破坏。第二，岳山降低后，琴弦和琴面距离的确缩短了，但岳山部位的琴面显得"低头"不够，弹奏时，右手易碰触琴面。因此，"塌腰"是一种比"躬背"更加没有选择的情况，只能通过矫正琴身，才能恢复正常弹奏。

操作流程：

- 将老琴置于平整工作台上，琴面向下。
- 在琴头与琴尾处，分别垫入和琴面弧度吻合的支架，架起琴身，通常支架由软木制作，并包裹足够柔软且有足够厚度的棉布。
- 检测"塌腰"处具体变形数据。
- 将水蒸气通过龙池或凤沼灌入琴腔之中。
- 在接近"塌腰"的最大幅度之处，逐步增加沙袋、砝码等重物。
- 维持上述状态至少一周。
- 随时检测数据。
- 一周后，撤除外力，使其放松至自然状态。
- 检测、记录变形位置的尺寸变化。
- 将老琴放松三天后，再次记录数据。若老琴又恢复"塌腰"，则应重复上述过程，直到校正位置偏差为零。

躬　背

老琴的各类变形中，"躬背"（琴体向上拱起）是较常见的情况。老琴发生"躬背"时，应优先不动琴身，宁愿垫高岳山。这是因为老琴面板上有丰富的断纹，且年久失修，结构比较脆弱。岳山由裸露之硬木制成。使用竹黄或同质量硬木直接垫高岳山，可少动筋骨良多。若综合各方内容，仍需矫正琴身的，则操作方法和"塌腰"相同。只是琴面向上，且琴头和琴尾所垫支架为平面（和底板吻合）。

木料镶补

琴体如有开裂或缺损的，应尽可能从旧料中去寻找质地、木纹、年份相近之木料匹配。琴身为木质，故年代久远，易腐朽，镶补的原则是尽量多保留原始材料。若原始木料腐朽不堪，不足以镶嵌新料，可以将木屑和大漆相混合，作为填充材料和黏合剂，先行将原始木料夯实，防止松朽部位无限制扩大，然后镶嵌新材料。

灰胎修补

灰胎修补应尽量遵照老琴原始材料和配方来进行。

总体看来，明代或明代之前使用鹿角霜灰胎的古琴更容易修理。清代古琴多使用瓦灰作灰胎材料，甚至不裱底布。因此，若瓦灰质地的灰胎大面积剥落或剩余瓦灰灰胎牢固程度不足，会增加修复难度。

对于剥落的灰胎，须仔细研究层次结构。古人制作古琴灰胎，均分"粗灰""中灰"和"细灰"流程操作。因此，新补灰胎也应按相应层次，补入相应颗粒粗细的灰胎材料。如此，外观上浑然一体，对音色影响最小。

修补灰胎由瓦灰制作的老琴时，应尽量使用比老灰胎稍微紧致、坚硬的材质来修补。但粗、中、细三个层次必须严格配套。新补灰胎比较潮湿，在干燥过程中必然有所塌陷。可以事先预留灰胎体量，或用更长周期，分两次补平。新老灰胎结合未必牢固。因此，应适当增加新灰胎材料的黏度。

另外，修补琴面部位的灰胎时，须将琴面明确分成两个区域：第一，"弦路"

以内，即演奏按音时，琴弦实际和琴面接触的地方；第二，"弦路"以外，以及"弦路"内"四徽"以上的部位。对于第一种区域，须满足实际演奏古琴的功能需要，故灰胎应修补成合适的造型，以满足演奏功能。对于第二种区域，尽量保持原貌，不再扩大损坏即可。

磨煞音

传世的老琴不但是乐器，还是文物。因此，有些音质平平但品相一流的古琴，建议不要轻易磨煞音，完全可以作为历史的见证，展现更多文物的美感。但一张音质较好，却煞音严重的老琴，就值得修复。

煞音修补范围，应该严格控制在"弦路"以内、"四徽"以下的区域。须始终保持"抱残守缺"的心态。宁愿有一些无足轻重的煞音，也不要造成对文物外观的过大损害。

漆皮起壳

老琴有断纹，故易漆皮起壳，以至于开裂、脱落，使得琴面凹凸不平。若在弦路以下，则产生煞音。即使在弦路以外，也会产生表面毛糙，以及起壳范围进一步扩大等问题。因此，必须进行修复。

有些漆皮起壳时，漆皮并未完全脱落，但已经脱离于木胚或裱布，应用指甲按动。若确实已经中空，且残破不堪的，则应将残余漆皮彻底清除，重新使用漆灰补平。此时应注意，由于老琴灰胎年代久远，稍动即易脱落，因此，应小心去除残破部位，而不要累及原先尚且完好的部分。

若遇内里中空，但漆皮较完整的情况，则可用针管，将新调制的漆胶注入缝隙之中，再使用外力，将漆皮压紧在木胎上，使之干透、坚固。

新调制的漆灰干透后，若修补处位于弦路下，则应磨出合适的下凹弧度，以适应演奏要求。若为其他部位，则略作打磨，使之不要过分毛糙即可。

面漆和擦漆

若表面大漆松动或脱落，则补漆环节比较复杂。因为这道工序不仅需要高超的技术，还需要审美能力，是对老琴修复者综合素养要求最高的一个环节。

补漆前，须仔细辨别大漆涂层的年代，结合颜色、质地、断纹、灰胎成分、铭刻、铭刻中填充颜色等一系列因素，进行综合判断、解读。还须根据大漆和木胎、大漆和灰胎，以及大漆本身的厚薄、质地、完整性等实际情况，进行综合判读。

新刷涂的面漆很难和老漆浑然一体，特别是老漆亦有可能为多层不同年代髹饰。老琴固有的斑驳陆离的纹理，是新漆无论如何无法比拟的。因此，可以按照老漆的综合外观，使用大漆和"细灰"为材料，将新旧两种漆色进行调和。朱漆可用朱砂调制，黑漆则可直接用大漆混涂。毕竟，大漆的深褐色是大地的颜色，可以和任何色泽和谐。

补涂面漆后，应用棉花或手退青，去掉高光的火气。

事实上，最安全的做法是巩固灰胎，不要刷漆，即最后一道面漆工艺，全部使用多次擦漆的方法实现，可以增加擦漆的次数，如此，"修旧如旧"的安全系数将大幅增加。

还是那句话，不要求全。

补齐硬木配件

古琴上的硬木配件，多和架起琴弦有关，如岳山、承露、龙龈、冠角、龈托、尾托、雁足、琴轸，以及轸池板等。一般来说，新制古琴，所有硬木配件应采用同样木料。如此，不仅色泽、纹理统一，且有利于音色的提高。

同理，在老琴修复的过程中，亦应寻求和原琴相近的材料。老琴上有些材料看似随意，但蕴含古人深意。例如古人使用枣木制作承露，因为枣木是红心的，可以表达衷心。因此，修复老琴时，无论出于尊重文物原样还是追慕古人的思想，均不要轻易改变木料的材质。

若原琴的硬木配件原材料质地较差，但完整度尚好，则应尽量保持原状，不得随意更换。若原琴的硬木配件原材料质地较差，并且该配件直接接触琴弦，如岳山、龙龈、龈托等，确实已经破损不堪，影响弹奏的，则可以选择比原材料质地稍好的材料镶补或更换。注意，此时，不需要镶补或更换特别优质的材料，否则造成过大落差，也是一种不和谐。

装饰性硬木配件，如冠角、尾托、承露等，即使略有损伤，亦勿轻易更换。若有裂缝，则以大漆调和少许细灰批平。若裂缝较大，可用漆胶和细木屑相混合，制作填充材料和黏合剂，将之批平。

轸池板安装在底板上，须常年承受压力和琴轸旋转摩擦，特易遭受损坏。若因年久，确实特别腐朽的，可选择合适的材料大胆更换。总体来说，轸池板大部分被七个琴轸遮蔽，更换新材料后，若调和同色大漆，应该对外观影响极少。

琴轸和雁足

琴轸和雁足均为可以和古琴分离的独立构件，因此，即使稍有损坏，其更换和修复难度均低于固定的硬木配件，如岳山、龙龈等。

琴轸和雁足虽然直接和琴弦连接，但对琴弦振动影响较小。岳山和龙龈上，"有效弦长起点棱线"的质量将直接影响琴弦振动状态，而琴轸和雁足即使有所残缺，对音色而言也无伤大雅。因此，若无明显弊病，琴轸和雁足无须轻易更换。

一张古琴有两个雁足、七个琴轸，日久传承过程中，较易缺失，必须补配。补配时，应尽量按照原琴的材料和式样补齐。若原琴的琴轸或琴轸雁足已全部缺失的，则可以根据原琴的形制、外观和气质，新配全套。新配琴轸和雁足须知：若使用木质，则原材料可参照原琴上龙龈、岳山等硬木配件。

绒扣、琴穗和琴囊

绒扣、琴穗和琴囊都为丝织品，但功能不同。

绒扣一般为棉质，具有明确的使用功能。其一端直接拉紧琴弦，另一段连接琴轸；既不能有弹性，又须质地坚韧。老化的绒扣将导致琴弦不稳定。因此，本来就需要经常更换。

琴穗和琴囊不影响古琴演奏，可以任意更换，也可继续留用。若老琴配套之琴穗、琴囊特别珍贵，则可作为文物，独立保存。

经历修复之传世古琴犹如大病初愈、重获新生。虽然重新焕发生命光彩，但病症也可能复发，如"躬背""塌腰"等现象。因此，须将修复过程、修复工艺、修复周期，以及修复前后相关数据变化记入档案，以备日后查询。还应并就老琴的修复计划落实程度、修复效果，以及仍然存在的问题等，作详细记录。若有行业内之资深人士参与，则应记录综合鉴定和评价。

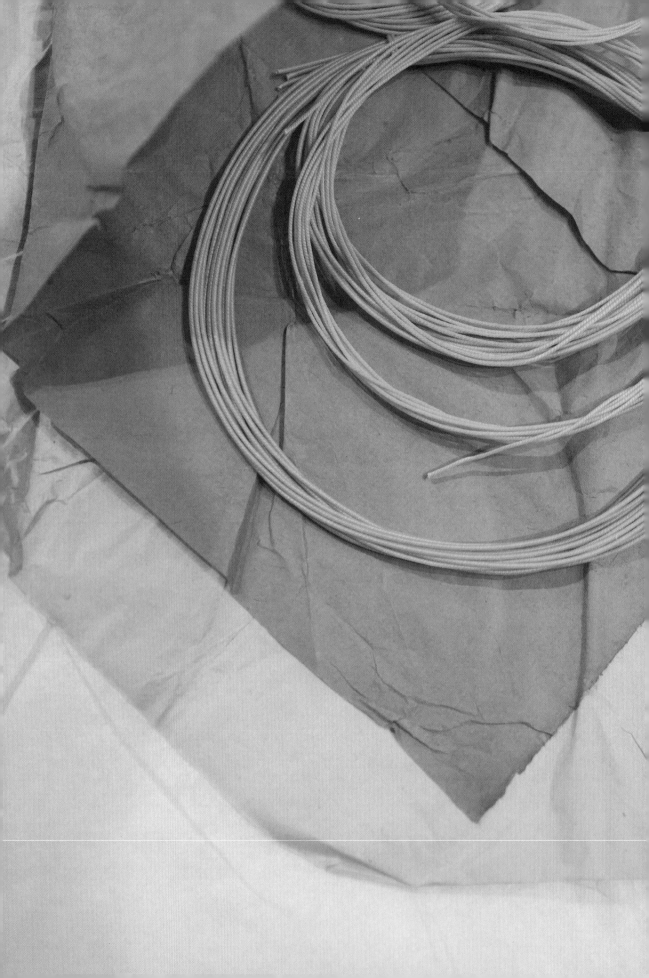

第十章

琴坛十友

一　琴弦

高濂，明代著名戏曲作家、养生学家、藏书家，主要生活在万历时期，创作了著名的昆剧《玉簪记》。他的另一部巨著《遵生八笺》是中国古代十分重要的一部养生专著，全书分为八笺二十卷，分别从起居、季节、饮食、情志等方面全面详细地论述了养生之道，堪称我国古代集养生理论和方法之大成的经典之作。其中，提到不少和古琴相关的内容，如论琴、臞仙琴坛十友、五音十二律应弦合调立成、古琴新琴之辨、琴谱取正，以及琴窗杂记等。

"臞仙琴坛十友"就是古琴上的各种配件。

冰弦：古人有水晶弦，以明胶合而成之，其色明莹，故曰冰弦。

参考图56：《遵生八笺》中的琴坛十友

玉足：雁足也，以玉为之，故名。

宝轸：缚系琴弦者，或玉为之，或以水晶为之，故曰宝轸。

轸函：所以紧轸者。

绒剅：即绒扣，以五色绒丝为之，所以系弦者。

锦囊：用以裹琴者，古人以织锦为之，故曰锦囊。

琴荐：用以垫琴，欲其不动也。

琴匣：用以收琴者，以木为之，长短阔狭皆以琴。

替指：以鹤翎为之，无则鹅翎亦可，初学琴者用之，久则不用。

琴床：所坐以弹琴者，其形上下俱圆。

这些配件历来为古董、文玩收藏者注重。一方面出于材料珍贵的原因，如金徽玉轸；另一方面，对于传世老琴来说，这些原汁原味的配件还是对古琴传承逻辑的一种重要的佐证。

传统古琴均使用蚕丝琴弦。唐代白居易诗云："丝桐合为琴，中有太古声。""丝"即为"蚕丝"制作的琴弦。清代乾隆皇帝在宋代名琴"松石间意"的琴匣上题有诗句："八音之最，弦克当之。众弦之首，舍琴孰为。"即用琴弦指代古琴。琴之于弦，犹书之于笔，皆不可或缺之物。按照当代古琴演奏家李祥霆教授的说法：琴弦是古琴的灵魂。

据旧时琴弦包装上所印文字，"宋代李世英造琴弦最有名，在杭州开设'回回堂'销售琴弦，代代相传"。至清代末期，尚有杭州生产的以古琴为记的"锡记"，与其后之"老三泰"相继出售"回回堂"传统技法所制之弦，供琴人使用。1937年"七七事变"之后，杭弦遂绝。近代琴家虽想竭力恢复，但尚未掌握"回回堂"弦的制作方法。

二十世纪五十年代，古琴界已经出现弦荒。于是，近现代古琴演奏家吴景略先生与苏州弦工方裕庭师傅合作，研制出"今虞琴弦"。1964年前后，他们又与乐器厂合作，在参考西方小提琴的钢丝尼龙弦后，采用"内里使用钢丝，外面用尼龙线包裹"的工艺，开始研制专属于古琴的钢丝尼龙琴弦。此项研制工作虽在"文革"时中止若干年，但最终，在1974年又得以继续进行，终于制出合用的钢丝尼龙弦，受到琴人欢迎。

和钢丝尼龙弦相比，传统的蚕丝琴弦不够稳定，且易断，音量小，不适合舞台演奏。同时，蚕丝琴弦易发生弹性破坏。新的丝弦安装至古琴上，很快就被拉长，并松软下来，须重新紧绷安装。如此三四次后，丝弦才得以稳定。因此，日常使用非常麻烦。

虽然钢丝尼龙弦音量大，质量稳定，适合舞台演奏，但在弹奏过程中，容易产生所谓的"金属声"。而蚕丝琴弦的音色更古朴，手指和琴弦之间的摩擦音更苍老、古拙，更加符合琴人心中之"天籁之声"。因此，近年来，越来越多的琴人期待可以使用高质量的蚕丝琴弦。

2014年初，鉴于国内蚕丝琴弦的质量难以更好地满足演奏体验，笔者和老师李祥霆教授开始研究蚕丝琴弦的制作。李老师现已年过八旬，六十年前，他向其师查阜西先生习琴时，尚弹奏过大量优质蚕丝琴弦。由于蚕丝制品易朽，即使实物流传到现在，当代琴人也已无从体会其最好的状态和音色。因此李老师的经验极有价值。

本着"礼失求诸野"，我们把目光投向日本。三四百年以来，日本的丝弦制作工艺传承有序，且成熟和稳定。经了解，日本共有六个制作琴弦的工坊。其中，三个工坊不做蚕丝弦，而另一个只制作日本"三味线"的琴弦，剩余两个制作古琴蚕丝琴弦的分别为"鸟羽屋"和"丸三"。

"鸟羽屋"自日本丰臣秀吉时代即以制作乐器丝弦闻名。其作为日本天皇御用琴弦供应商已有数百年历史，其第九代传人前几年刚过世。如今，家传之第十代传人是小篠先生。老先生有两个女儿，大女儿陪伴父亲开展业务，但在具体制弦工艺管控上，仍然由老先生自己负责。

"丸三"的品牌创建时间相对较短，现在的当家人是桥本英宗先生。桥本先生相对年轻，四十多岁，因此，愿意投入更多的热情，做更多的尝试。

当时，李老师和笔者对"鸟羽屋"和"丸三"都进行了深入接触，既加深了对丝弦制作原理的理解，又明晰了日本丝弦制作与中国古代丝弦制作的区别。

中国古代丝弦的黏合剂原材料是白芨，属于植物胶；而日本制弦既用"米胶"，也用鱼鳔制胶，后者属于动物胶。日本蚕丝琴弦的产地位于京都东北的滋贺县，古称"近江"，位于琵琶湖的东北角。至今，滋贺县仍有一个专门养蚕的村落，留下一批守业工人。这些人多为老太太，仍采用传承了数百年的独特方法制作丝弦，即以开水烫蚕丝，在高温下几乎徒手操作，虽然技法纯熟，却也辛苦异常。

一般而言，国内丝弦颜色偏黄，而日本丝弦极白，初见时甚至会认为丝弦已经过漂白加工，直到实地参观采桑、养蚕、自制原料丝，以及最终制成丝弦的全过程后，才确信日本丝弦的确没有添加任何色剂漂染，是天然的色泽。

近数十年来，我国为了提高劳动生产效率，对蚕虫品种不断地进行改良，使其每年结茧次数增加到三至四次。而在劳动生产率大幅度提高的同时，蚕丝的质量和单股丝的密度却大幅降低。

综合借鉴国内及日本制弦工艺后，我们于2014年底研制成功第一批丝弦。经过多次改进，最终在2015年8月做出了李老师极其满意的作品。

新弦制成后，笔者先在上海试弹后快递到北京。8月18日晚，李老师连夜迫不及待地上弦试奏，结果非常满意。他在夜半十二点来电，情绪非常激动，非得让我下床拿纸笔，记录他的试奏感受。

2015年8月23日，李老师在北京伏羲琴院特地举办雅集，撰写文字如下："按照李祥霆先生研究、设计的方案及工艺，在上海市文广局领导下的上海七弦古琴文化发展基金会支持下，所制作的'真丝冰弦'于2015年8月18日获得成功。此第一套成品真丝冰弦，洁白如冰，滑润如玉。张在良琴之上，弹奏数曲，音质优良，音量充沛，音韵绵长。解决了数十年来困扰许多琴人在丝弦上左手按弦运指所产生的难以避免的噪音问题。"

参考图 57：在日本"丸三"参观

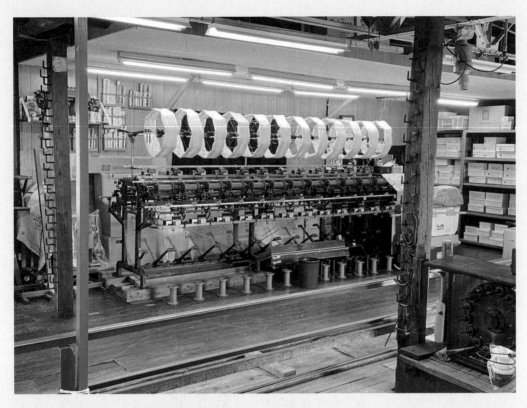

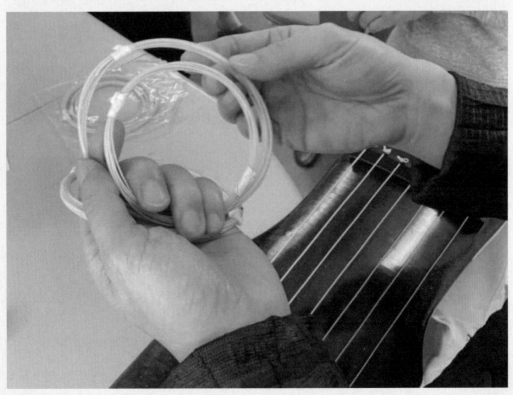

参考图 58：日本"丸三"制弦机

参考图 59：日本"丸三"丝弦

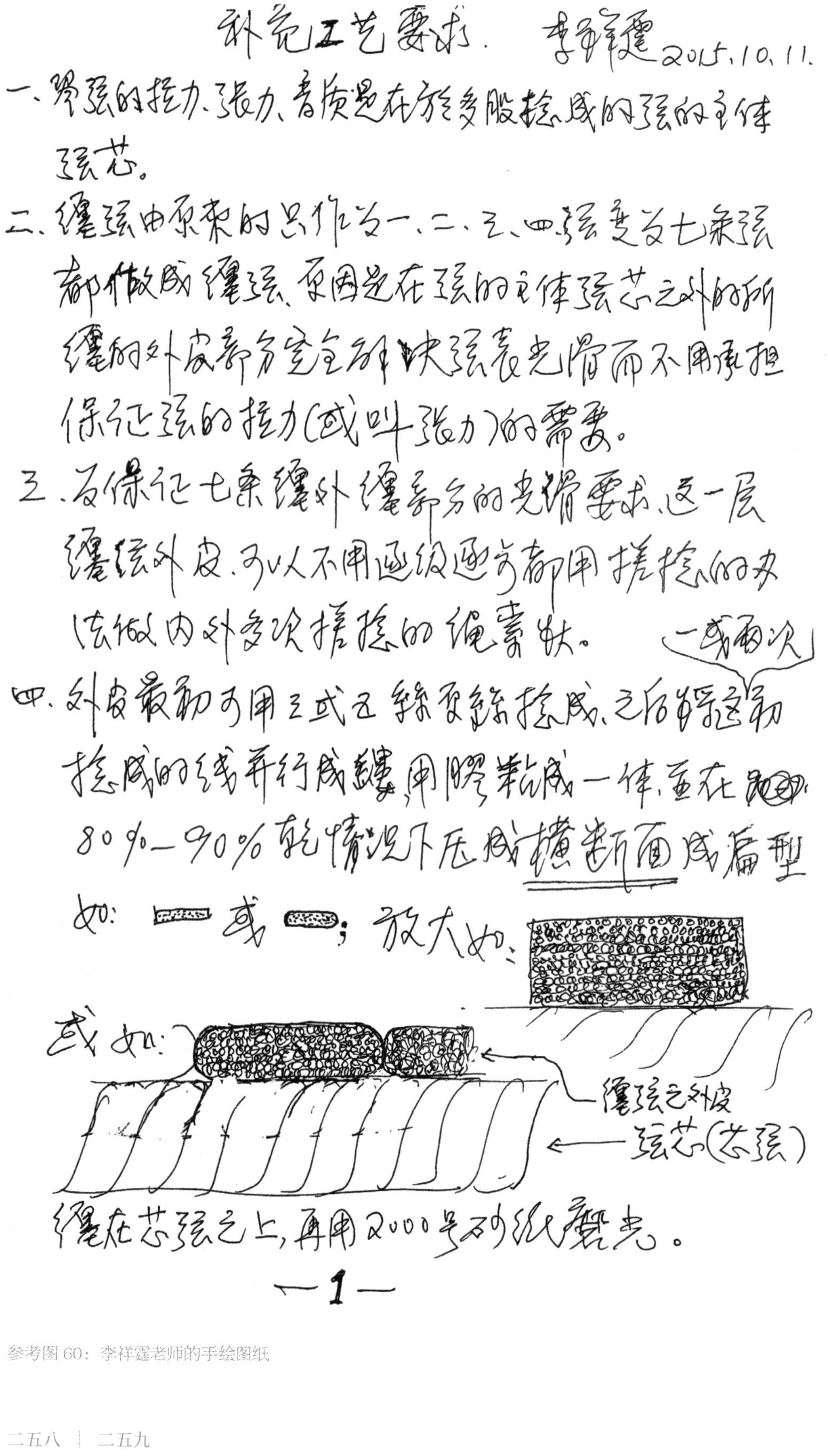

补充工艺要求.   李祥霆 2015.10.11.

一. 琴弦的拉力、张力、音质是在于多股捻成的弦的主体弦芯。

二. 缠弦由原来的总作为一、二、三、四弦变为七条弦都作成缠弦. 原因是在弦的主体弦芯之外所缠的外皮部分完全为妆饰弦表光滑而不用承担保证弦的拉力(或叫张力)的需要。

三. 为保证七条缠外缠部分的光滑要求. 这一层缠弦外皮. 可以不用逐级逐号都用搓捻的办法做内外多次搓捻的绳素状。   ~一或两次~

四. 外皮最初可用三式三转环捻成. 之后将最初捻成的线并行成缠用胶粘成一体. 至在胶 ⊙⊙ 80%—90% 乾情况下压成横断面成扁型 如: ▭ 或 ▭; 放大如:

或如:

缠弦之外皮
弦芯(芯弦)

缠在芯弦之上. 再用2000号砂纸磨光。

—1—

参考图 60: 李祥霆老师的手绘图纸

五：请鱼鳔或白芨作粘合剂试制。

六、为防弦表受潮粘手，弦的缠线弦的外皮可用硝棉清漆，或弦成品后最后外皮轻擦外表稍加保护。

七、琴弦主体的内芯头部分用漆或糯米浆用量加以几次不用试制。偏多会造琴弦易折。如作弦头的蜻蜓节时需明显不然如20世纪六十年代以前的古琴弦那样作出有些季成扁圆图形的节。🎀

八、希望有机會当面互相讨论工艺及其各项要求。

李祥霆 2015.10.11.

—2—

2015年后，蚕丝琴弦的研究基本告一段落，直到2018年笔者参与故宫古琴的研究。

在故宫博物院珍藏有八十余张历代名琴，以及数量众多的清代早期蚕丝琴弦。清代的康熙皇帝喜爱古琴，曾学习多种传统艺术，如古琴和书法。为了便于自己的古琴学习，康熙曾制造古琴模型，故宫博物院至今留有一张长约二十厘米的古琴模型。

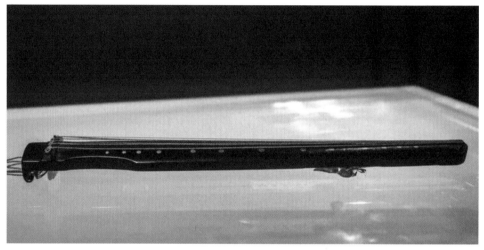

参考图61：古琴模型

康熙还曾命人将《梧冈琴谱》译为满文琴谱，故宫目前仍藏有数套满文琴谱。康熙之子雍正，其孙乾隆，虽未曾亲身学习古琴，却也同样爱琴。流传下诸多着汉族士大夫衣冠、于青山绿水间弹奏古琴的画作。雍正曾拟诸多与古琴相关圣旨，乾隆则制作琴盒、撰写描写古琴的御诗。他还对宫中古琴进行点评定级，将咸福宫后殿同道堂东间名之"琴德簃"，专门珍藏其父雍正皇帝喜爱的几张古琴。

至今，在故宫博物院仍珍藏着康熙时代由"杭州织造"进贡的数量可观的蚕丝琴弦。

2019年6月，笔者在李老师家闲聊。突然，老先生说想看故宫藏的丝弦。于是，7月1日，笔者和李老师相约，从"西华门"入，同往故宫地库参观，取出的丝弦

均用两层黄纸包装。在相关文献中，经常提到故宫的这批蚕丝琴弦"丝质作涅白色，因半透明，故有冰弦之称"。或许是年代久远的缘故，文物颜色发黄明显。据说当年清室善后委会在接收清点时，书"四"字于黄纸包上。但现在原有外包装已失。经查，每副用黄纸包装成四方形，内有弦九根，分作四圈。和当代丝弦相比，院藏的丝弦粗细均匀，总体偏细。

李老师当时还笑谈，如果时间、精力允许，我们可以再改良一次丝弦的制作工艺。2019年10月，笔者赴日本正仓院的"金银平文琴"展览，得知正仓院存有五根琴弦流传至今，虽未确定为古琴弦，但保存完好。若有合适机会，当赴日参观这些唐代的琴弦，以便更进一步理解古代丝弦制作。希望待条件允许之时，可以将关于蚕丝琴弦的工艺单独梳理成文，以供同好参考。

中国古代历来有"君子温润如玉""君子比德于玉"的说法，因此，高档的玉器历来就是文人或帝王将相显示阶级关系的重要内容。

两个雁足和七个琴轸完全可以使用玉料制作。这九个配件的材质对古琴的音色几乎没有影响。而且，每张古琴制作完成之后，都可以后期更换这九个配件。使用上乘的玉料制作，可以大幅提高古琴的外观品质。

清朝的乾隆皇帝特别喜欢玉器。他将大量的宫廷收藏古琴的配件都更换成玉料制作。当时，清朝国力强盛，对新疆产玉地区的控制达到历史上的高点，宫廷中出现了大量高质量的玉制器物，也包括古琴的琴轸和雁足。这一点，我们可以在故宫展出的历代古琴中明显地看出。

参考图63：玉轸

玉制岳山和龙龈

故宫博物院除藏琴之外，还有不少传世的使用玉料制作的岳山、承露、龙龈、冠角等古琴全套配件，这些玉料包括白玉、碧玉、青玉等。

但是，这种工艺有三种缺陷。

第一，玉制配件和琴身黏合度低。紫檀等硬木配件虽然和琴体木料不完全一致，但毕竟都属于木制品，两者之间黏合的稳定程度远高于玉料和琴体木胚，硬木配件更不容易脱落。

第二，玉制配件容易断裂。当硬木的配件受到冲击后，或许就会留下一处伤痕，这无伤大雅，甚至会被认为是历史的痕迹。但同等强度的冲击力量，很有可能造成玉制配件的彻底断裂。因此，经常看到完全使用玉制配件的传世古琴缺少一个冠角，由于后世很难找寻与之有较高匹配度的原材料，而无法修旧如旧。

第三，最重要的是，这些配件根本性的使用功能是将琴弦的振动传递给琴身。玉制配件质地太硬，而且毕竟和琴身的材料区别太大。因此，美观性提高了，但音色不甚了了。

玉制琴轸

由于技术限制，古人缺乏细长但具有足够强度的玉石钻孔设备。即使是清代乾隆朝的玉质琴轸，虽质地一流，但也皆从侧面打孔。

使用从侧面打孔的琴轸时，琴穗无法从琴轸正下方垂地，且与七根琴弦不在同一直线。因此，当代的玉器加工技术显著提高，打孔技术成熟后，建议制作玉制琴轸时即也采用一孔到底的工艺。

三 琴囊

琴囊，即盛放、包裹古琴的布囊，为了保护琴身，需要一定的厚度。由于琴囊和古琴直接接触，其内胆应该比较光滑、柔软。为了美观，古人制作琴囊所用的布料多种多样，如布、锦、仿宋锦、缂丝等。

清乾隆时期的金棕地如意夔龙大天华宋锦琴囊，长149厘米，宽30厘米，以金棕地如意夔龙大天华锦为面，内衬蓝色菱格太极纹锦，朱红色平纹绢里，内絮棉。如意夔龙大天华锦，以八角几何纹为间架，由两组主体花纹构成。一组以八朵如意云头组成，中心饰瑞花，辅以朵花蔓草，装饰华丽精细；另一组以四夔龙组成，中心饰宝花，辅以连钱纹。夔龙形象生动，稚拙可爱。整体布局均衡大气，刚柔并济，用色沉稳和谐。织锦采用纬五重组织，工艺水平极高，其提花工艺与清代不同，当为宋代织锦，极为珍贵。琴囊绢里有墨书："含德斋西暖阁琴套。"

清乾隆时期的香色地方菱格瑞花仿宋锦琴囊，长142厘米，宽24厘米，香色地菱格瑞花锦面，月白色缠枝花绫里，夹套。织锦以香色经面斜纹为地，墨绿色菱形格内填织铃杵纹、月白色和米色六瓣瑞花，沉稳素雅，富有装饰意味。色用两晕，片金勾边。织造紧密，片金交织点闪烁其间。

参考图 65：白地瑞花仿宋锦琴囊

参考图 66：金棕地如意夔龙大天华宋锦琴囊

（故宫博物院提供）

四 琴盒

古琴不演奏或运输的时候，需要首先放入琴囊中，然后再盛放在更加坚硬的琴盒中。

当代的琴盒一般有填充泡沫塑料的尼龙琴盒，也有碳纤维等新材料制作的琴盒。碳纤维等新材料质量轻、强度高，既保护乐器，又便于运输。古代没有这些新材料。古人多选择木料制作琴盒。这些琴盒运用不同的工艺装饰，本身就是精美的艺术珍品。

明代，朱漆雕花戗金龙"太古遗音"琴箱，长130厘米、宽26厘米，带拖泥加3厘米，弧形盖高18.4厘米。此为收藏"希声"古琴专用之具。弧形箱盖上面正中上端，作横匾与竖排位形黑漆标签各一。匾式横刻楷书"御用"二字，下竖牌刻琴名"太古遗音"四字，均为楷书双勾，用笔划刻细网纹。琴箱通身为朱漆，开光雕填"卍"字锦地，箱盖竖雕三曲身正面戗金龙，一双前爪高过头顶，托黑色标签上部空间饰五彩流云杂宝纹，下部空间饰牡丹及海水江崖图案，前后两面饰戗金二龙戏珠纹，两端戗正面团龙，拖泥上饰雕填串枝灵芝纹，纹饰细密，色彩艳丽，通身发小蛇腹纹，剑峰隐起，古色古香，装光素鎏金饰件。就其雕填工艺、纹饰风格而论，应是明代中期御用监奉敕之作，箱底与里皆髹黑退光漆。

琴箱上贴有黄纸小条，上书"沈阳故宫"四字，按清帝入关前并无琴文化的史迹，似应是乾隆时携带出关的，但目前尚未得有关记述资料证实。

清代"天籁"铁琴随形琴箱，长123.5厘米，额宽21.8厘米，肩宽21.8厘米，尾宽17.3厘米，头尾厚11.6厘米。"天籁"琴有楠木随形箱，盖上刻清人题识皆满。最上方竖题"晋孙登公和铁琴"。其下右刻阮元、梁章钜道光二十六年（1846年）行书跋，知藏者乃字"修梅"者。左刻同年五月十二日张廷济行书长诗，由诗序

参考图 68：朱漆雕花戗金龙"太古遗音"琴箱（故宫博物院提供）

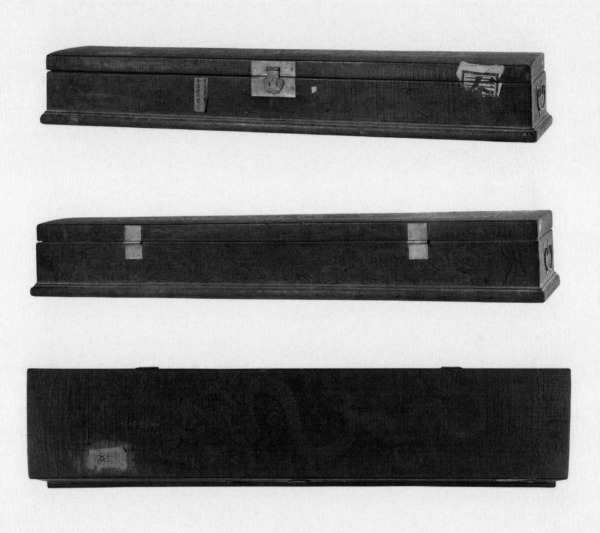

可知此琴系"嘉庆七年菘圃吴相国官江南河督时，铁冶亭制府所赠，公子惕勤州守珍之"。最下刻琴铭，署"铁琴嘱，之珍篆"。"菘圃吴相国"即吴璥，字式如。"铁冶亭制府"即铁保，字冶亭，号梅庵、铁卿，先祖姓觉罗氏，后改栋鄂氏。二人彼时均已去世多年，"修梅"者应是"公子惕勤州守"，道光丙午遍求题识制匣刻之，遂为后人所重。

光绪三年（1877）《金石屑》复有记载，其作者鲍昌熙，字少筠，即张廷济弟子。民国杨时百《琴学随笔》云，琴存河南某氏，系耳闻，不知确否。后琴为叶恭绰《遐庵谈艺录》记载。1952年，此琴最终由当时文化部文物局购于刘晦之，入藏故宫博物院至今。

五 琴桌

抚琴是士大夫的文化象征，琴桌随着古琴乐器而产生。此外还有琴几、琴架、琴台，是弹奏古琴时不可或缺的伴侣，不仅具有实用价值，也具有观赏价值。

琴桌的样式在古代绘画中常常出现。由于专为弹琴而制，故工匠往往按照古琴的形制和弹琴人的审美需求来制作，因而琴桌大小不一且样式繁多。专业的操琴者，对琴桌也有着特定的审美要求。

一般来说，琴桌分成大、小两种。大琴桌是指长度超过古琴的琴桌。大琴桌将桌面穿透一个方孔，使得演奏者可以从琴桌下方旋转琴轸，达到调整琴弦音高的目的。

1945年，王世襄曾在金石学家杨啸谷先生家购得一张明代黄花梨条案。后王世襄夫人袁荃猷向古琴大师管平湖先生学习古琴，于是，在管平湖先生的指导下，将条案改制成专用的琴桌。

小琴桌是指长度小于古琴的琴桌。一般长度不宜超过100厘米，宽度约40厘米，如此，琴头和琴尾可以分别两面伸出桌面，达到视觉对称的美感。

专用的琴桌早在宋代就已出现。宋代赵佶的《听琴图》中所绘的琴桌，面下设有音箱，四围描绘着精美的花纹（见第219页）。

王世襄在《自珍集》说："唯琴几必须低于一般桌案，长宽尺寸以160厘米×60厘米为宜。"明代文学家屠隆在《考盘余事》写道："或用维摩式，高一尺六寸，坐用胡床，两手更便运动。高或费力，不久而困也。"明代书画家文震亨在《长物志》中说："当更制一小几，长过琴一尺，高二尺八寸，阔容三琴者为雅。坐用胡床，两手更便运动；须比他坐稍高，则手不费力。""又见今人作琴桌，仅容一琴，

参考图69：黑漆描金番莲纹琴桌（故宫博物院提供）

须阔可容四琴，长过琴三之一，试以案较琴声，便可见。"

古代的尺寸和当代的标准不完全相同。因此，特别在琴桌的高度上，古人的表述不可以直接采用。

总的来说，琴桌的高度应该比一般的画案、餐桌都要低。画案高度要超过80厘米，甚至达到83厘米左右，餐桌高度约78-80厘米。而故宫的传世明代琴桌高度约70厘米。事实上，琴桌的高度最重要的是和琴椅高度匹配。最好两者高差为25—26厘米。

大多数琴桌都使用厚重的木料制作。一来，和古琴气质匹配；二来，木质的琴桌本身就是一个共鸣箱，可以帮助古琴发出更大、更厚重的声音。但是，为了追求富丽堂皇，古人还尝试用多种其他材料来制作琴桌。

明清时期的琴桌大体沿用古制，尤其讲究以石为面，如玛瑙石、南阳石、永石等，也有采用厚木面做的。此外，更有以郭公砖代替桌面的，因郭公砖都是空心的，且两端透孔，古人认为使用起来会使得古琴音色效果更佳。还有填漆戗金的，以薄板为面，下装桌里，与桌面隔出3—4厘米的空隙，桌里镂出钱纹两个，是为音箱，桌身通体线刻填金龙纹图案，华丽而又实用。

不过，明代的文震亨并不认可上述做法。他在《长物志》中《琴台》一章中说，"琴台以河南郑州所造古郭公砖，上有方胜及象眼花者，以作琴台，取其中空发响，然此实宜置盆景及古石……更有紫檀为边，以锡为池，水晶为面者，于台中置水蓄鱼藻，实俗制也"。文震亨认为，郭公砖适合摆放盆景和古石，同时认为对于琴台的过分雕凿反而显得俗气。

事实上，文震亨的观点是符合科学的。使用厚木制作的琴桌面板，可以反射更好的声音效果，的确比华而不实的石质材料更适合制作琴桌。

如果使用厚木来制作琴桌的面板，最好厚度超过两寸（6—7厘米），那些大的柏树、枣树，都是合适的材料。如果跟古琴的制作工艺一样，都用大漆胶合，那就更加美妙了。

明代朱漆雕填戗金琴桌，横宽97厘米，纵宽45厘米，高70厘米。琴桌为长方形，为扩大音响的专用设备。立水式沿板，直腿、壶门式牙子、马蹄式足。在桌面、

参考图70：黄花梨裹腿罗锅枨条桌（故宫博物院提供）　　参考图71：朱漆雕填戗金琴桌（故宫博物院提供）

参考图72: 演奏坐姿

束腰沿板、桌腿各部均饰开光锦地戗金双龙戏珠式赶珠龙纹，填漆彩云立水、八宝，或作填采缠枝花卉，金碧辉煌，典雅富丽。在黑漆底板中心两侧各开古钱纹音孔一个，使桌面与底板间音箱的空气流通，加强桌上琴音的共鸣，可以扩大古琴的音响效果。

这种琴桌为独奏时的用具，造型灵巧，做工精致，纹饰华美，在古代家具中是别具匠心的孤品。就其制作工艺、纹饰风格而论，这张琴桌应是明代万历时期御用监奉敕之作。

传世品中另一知名的琴桌为藏于上海博物馆的"黄花梨两卷角牙琴桌"。四面平式，正面与侧面各有两只两卷相抵的角牙，直足内马蹄。桌面上下两层，形成一个共鸣箱，内有铜丝弹簧装置用来与琴声共振，以助琴音。底屉板上有为调音律而开的六个小孔。铜丝弹簧显然画蛇添足，但明显是为操琴而特制的。

六 琴凳

从坐具的分类来看，有靠背的称为琴椅，没有靠背的称为琴凳，无论有没有靠背，都对古琴音色效果没有影响。因此，琴椅最重要的是在高度、材质和样式气质上与琴桌匹配和谐。

琴椅的合理高度不是一个绝对值，而是和琴桌相匹配的相对值。也就是说，从功能上来看，最值得注意的是琴桌和琴椅之间的高度差要合理。

演奏古琴时，演奏者端坐之后，最佳的状态是双手在古琴上演奏时小臂可以持平，如此，肢体舒展自如，气息舒畅，有挥洒自如之感。因此，若琴桌和琴椅高度相差过大，则会显得琴桌太高，演奏时就要攀援弹之。反之，若二者高度相差过小，则会显得琴桌太矮，演奏者就要恭身哈腰，气息则难以通畅，肢体难以舒展自如，甚至双腿都无法放入桌底，严重影响弹奏。

综上所述，琴桌和琴椅高度的最佳差距为25—26厘米。

根据人体工程学的原理，椅子的高度以约45厘米为宜。如果椅子太高，则双脚半腾空，甚至完全离开地面，既不利于气定神闲地演奏古琴，也不利于发力。另外，椅面的外棱线压迫大腿，会导致非常不适。同样，如果椅子太低，则双腿过于弯曲，不但不利于演奏和发力，且不美观。

由于大琴桌要包容整张古琴的长度，一般体量较大，因此，大琴桌的高度不会很低。在这种情况下，与之匹配的坐具最好是有靠背的椅子，而非无靠背的凳子。如此，可以增加椅子的体量感，和大琴桌更加和谐。有靠背的琴椅最好采用"梳背椅"，既具有靠背，又没有扶手，不影响古琴演奏。

如果大琴桌高度较高，则与之匹配的琴椅高度也要提高。若椅面高度超过50厘米，造成坐着不舒服的，则可以另行使用脚踏。脚踏也是常见中国传统家具，只要形制、材料、工艺匹配，则并无违和。

小琴桌则配以琴凳即可。一般来说，绣墩、方凳的椅面高度都是45厘米，匹配70厘米高度的琴桌正好。

七 琴荐

琴荐是防止古琴在桌面上滑动的防滑垫。

古琴放置在琴桌上，需要两个琴荐。其中一个垫在雁足之下，另一个则靠近琴轸，垫在古琴和桌面接触的地方。

传统的琴荐通常使用布料、麂皮等材料。将之缝合成长条形的小袋子，中间填充河沙，如此，既可以稳定琴身，起到防滑作用，还似乎可以让古琴发出更好的振动，使得音色颗粒感更好。

沙袋式的琴荐有一个特别的好处。如果古琴不够平整，或者两个雁足安装的高低不够协调时，调整沙袋厚度，则能修正相应缺点。尤其可以解决传世老琴因为变形而放置不平的问题。

参考图73：琴荐

辭碎珠繡石青緞靠背一件繡黃緞坐褥一件奉

上曰著照樣做石青緞靠背一件其中心式用金線鐙或用線做迴

紅錦不好另改做繡石青絨壽字週圍鐙籠做九個其牆子

上不必做鐙籠做西番草再做紅緞坐褥一個其花樣仍繡

竊色蓮花中間流雲不好另改做吉祥西番蓮子上水

不必勤再做蒼迎手一件週圍做鐙籠九個上下做壽字二個

欽此不要俗了欽此

進訊

於九月二十六日做得

繡石青紙靠背一件紅緞坐褥一件紫緞迎手一件生座樣繡碎珠繡石青

緞靠背一件黃紙坐褥一件郎中海望呈

初二日郎中海望奉

旨琴整做幾副要別款得用欽此

於五月三十二日郎中海望交西洋香花琴整畫樣二張著照此二張

畫樣海樣繡做蠟黃琴整二副紫色緞琴整二副裡子用虎皮內拋絲

鑲揚花做訖此

於八月二十四日病癒黃緞琴整三副紫色緞琴整二副郎中海望呈

参考图74：雍正四年（公元 1726 年）九月二号，清宫内务府造办处档案

乾隆十年鍍金作

十二月

初二日由郎中色勒來說為乾隆十年十一月十

五日汪由敕張若靄本

旨所製四琴著莊親王遍選良工會同造辦處悉心斟酌

其金做張靄等件供仿古樣製辦琴瓹中馮詩之處著

汪由敕張若靄商酌辦理訖於製就細胎時呈樣請音

欽此

覽曰奏此琴並臣人在造辦處成做准不時到造辦處照

莊親王將做得琴瓹四張呈

於本月初七日司庫白世秀來說

旨知道了欽此

看本

一於十二月十五日司庫白世秀之盂首領薩木

哈將訊做

琴四張持建交太監胡世傑呈

参考图75：乾隆十年（1745 年）十二月御批

中国古琴传统制作艺术

附 录

附录一：古琴斫制工艺流程和周期表

工种	序号	工序名称	作业内容	加工时间（天）	存放时间（天）
木工	1	木料选材，检验，储存	根据木材的种类与用途、验收标准，将合格的入库木材按规定方法堆放30天以上		30
	2	面板木料干燥处理（高频烘干机）	将面板木料放入高频烘干机中处理，连续48小时以上	10	
	3	底板木料干燥处理（高频烘干机）	将底板木料放入高频烘干机中处理，连续48小时以上	10	
	4	配件松木干燥处理	将松木放入高频烘干机中处理，连续48小时以上	8	
	5	配件硬木脱脂处理	将硬木料放入温水中浸泡5日，取出后在通风环境中存放	5	
	6	配件硬木干燥处理	将硬木料放入微波烘干机中处理，连续48小时以上	3	
	7	木料粗加工和拼面板、底板	面板、底板表面粗加工，三条裁切，用大漆胶做三拼板	1	
	8	拼板后荫房固化	将加工后的面板、底板的拼板送入荫房固化，二周以上		15
	9	面板拼板后二次干燥处理（微波）	将面板木料放入微波烘干机中处理，连续48小时以上	8	
	10	底板拼板后二次干燥处理（微波）	将底板木料放入微波烘干机中处理，连续48小时以上	8	
	11	干燥后面板、底板送养生房除应力	将二次干燥处理后的木料送入养生房释放应力		60
	12	面板外轮廓加工	面板造型画线，根据形制，用模板画外形尺寸线，做外尺寸加工	1	
	13	面板槽腹面加工	进行面板槽腹加工	2	
	14	面板外弧面加工	按设计尺寸进行面板弧面加工，接近设计尺寸后用刨子，进刀要浅，不断用卡板检测琴面弧度，留有充分的打磨余量，打磨至设计尺寸	1	
	15	面板深加工	制作控制变形一致性结构；制作面板上各配件（岳山、承露、冠角、龙龈等）装配结构	1	
	16	底板外轮廓加工	底板造型画线，根据形制，用模板画外形尺寸线，做外形加工	1	
	17	底板结构加工	进行底板结构加工，制作底板上各配件结构（含底板加强筋结构）	2	

工种	序号	工序名称	作业内容	加工时间（天）	存放时间（天）
	18	面板、底板合格；刷防潮漆	将加工完成后的面板、底板刷防潮漆，防止环境的湿度对产品的平整度产生影响。刷漆后送荫房干燥	1	5
	19	面板、底板平整度测试	用塞规测试面板、底板结合面的平整度。单面平整度公差≤0.5mm 超差产品要进行平整度校正	1	
	20	面板、底板平整度校正	对平整度超差的面板、底板进行热压方法的定点校正		
			放在养生房中进行平整度变化观测30天以上，每周做平整度检测，发现平整度超差的产品将重复校正流程，养生房温度：30℃，相对湿度30%	1	
			在平整度合格的面板槽腹内刻铭文，刻制产品编号		
木工	21	面板、底板校正后，养生房中观测	制作硬木配件（岳山、承露、冠角、尾托、龙龈、龈托、轸池板），松木配件（护轸）		30
	22	面板槽腹内刻铭文（落款）编刻产品编号	将成形后的硬木配件送入真空煮蜡机中进行真空除湿封蜡，24小时以上	1	
	23	制作硬木配件	合琴前对面板、底板平整度做再次检测，重复平整度检测作业。超差产品（平整度 > 0.5mm）重复上述校正工序，观测工序，直至平整度合格	10	
	24	硬木配件真空煮蜡	用大漆胶将面板与底板黏合，交叉扎上捆绑绳，确保琴体各位部受力均匀	2	
	25	合琴前对面板、底板平整度进行再检测	将大漆胶黏合后的琴体送入荫房固化，单件平整放置。荫房温度25—30℃，相对湿度75—80%	1	
	26	合琴	在琴体上安装硬木配件承露、岳山、龙龈、龈托、冠角、尾托、轸池板(共九件)；松木护轸(二件)	1	
	27	合琴后送荫房固化	在琴体上制作安装雁足的位置孔；做琴头部凤舌结构；打弦眼		30
	28	安装硬木配件（11 件）	在琴面上做出无拍板、无煞音的弧度结构 各弦路数据，在 7 徽半处： 一弦路下凹尺寸：1.2—1.4mm 四弦路下凹尺寸：1.1—1.3mm 七弦路下凹尺寸：1.0—1.2mm	2	

工种	序号	工序名称	作业内容	加工时间（天）	存放时间（天）
木工	29	制作雁足孔、凤舌、弦眼孔等	在裱布前用美纹纸对安装的配件进行遮蔽，各配件与琴体的接合处要精确区分	1	
	30	木胚上打磨琴面下凹弧度	用大漆胶将夏布密合贴敷在琴体上，用漆刷将夏布均匀服帖敷合在琴体上后，修剪多余夏布	1	
裱布	31	裱布预处理（配件遮蔽）	将裱布后的琴体送荫房固化。放置后确认夏布敷合状态，有异常做及时修整	1	
	32	裱布	用 40—60 目鹿角霜颗粒与大漆调和后，刮批在裱布后的琴体上	1	
	33	裱布后送荫房固化	上粗灰后送荫房固化，至少 30 天以上		60
灰胎	34	琴胚上粗灰	用 120 目砂布打磨粗灰琴体，使琴体对称位置的外尺寸一致，外观平整	1	
	35	粗灰胎的琴胚，送荫房固化	用 80—100 目鹿角霜颗粒与大漆调和后，刮批在打磨过的粗灰胎琴体上		60
	36	打磨粗灰胎的琴胚	上中灰后送荫房固化，至少 60 天以上，存放时间越长，对形成良好的声音越有利	2	
	37	琴胚上中灰	用 120 目砂布打磨中灰琴体。使琴体外尺寸符合图纸尺寸要求，外观平整	1	
	38	中灰胎的琴胚，送荫房固化	用 120—180 目砂布打磨琴面弧度，使其满足磨煞音设计尺寸。 在 7 徽半处： 一弦路下凹尺寸：1.2—1.4mm 四弦路下凹尺寸：1.1—1.3mm 七弦路下凹尺寸：1.0—1.2mm		60—360
	39	打磨中灰胎的琴胚	用 200 目鹿角霜颗粒与大漆调和后批刮在打磨后的中灰胎的琴体上 注意"磨煞音"处的尺寸要保持中灰胎打磨后的形状，均匀上细灰	1	
磨煞音	40	中灰胎的琴胚琴面，第一次磨煞音	上细灰后送荫房固化，至少 30 日以上	2	
灰胎	41	琴胚上细灰	用 240 目砂布打磨细灰琴体，精确打磨各部位尺寸，注意保持"磨煞音"工序，以及各弦路要求的尺寸	1	
	42	细灰胎的琴胚送荫房固化	用 240 目砂布打磨琴面弧度		60
	43	打磨细灰胎的琴胚	精修承露、岳山、冠角、尾托、龙龈、龈托等配件及配件与琴体的接合部，要保证接合面整齐清晰，配件位置尺寸满足要求	2	

工种	序号	工序名称	作业内容	加工时间（天）	存放时间（天）
磨煞音	44	第二次磨煞音	以龙龈为基准，根据 4 徽位的设计高度定出岳山最终的高度尺寸，将岳山修磨到要求的尺寸	2	
木工	45	精修硬木配件	检测人员利用检测装置试音，如有煞音时要重复精磨修整，直至无煞音	1	
	46	确定岳山实际高度	检测人员利用检测装置试音，如有煞音时要重复精磨修整，直至无煞音	1	
磨煞音	47	第三次磨煞音（试音）	检测人员利用检测装置试音，如有煞音时要重复精磨修整，直至无煞音	1	
大漆	48	刷第一道推光漆	用推光漆专用工具，琴体上刷第一道大漆，大漆均匀覆盖灰胎琴体	1	
			上大漆后送荫房固化，两周以上		
			用细灰对出音孔等处做修补。检查其他需要修补的缺陷，同时做好修补		
	49	送荫房固化	修补后送荫房固化，两周以上		30
	50	出音孔等处补细灰	用 240 目砂纸打磨琴体漆面，打磨后检查各位置的针眼，特别注意琴面部分	1	
	51	送荫房固化	对漆面细小针眼，用大于 120 目鹿角霜颗粒与大漆拌合后修补		30
	52	打磨第一道推光漆后的琴体	修补后送荫房固化，两周以上	1	
	53	补针眼	用 240—280 目的水砂纸，水磨漆面，反复水磨清洗，至琴漆面平整光滑	1	
	54	送荫房固化	琴徽材料：蚌壳（厚度：2mm）琴徽尺寸：11mm(1 枚)、8mm(12 枚)，共 13 枚		30
	55	水磨补针眼后的琴体	根据行制尺寸卡尺，确定琴徽位置，打孔（孔深 2.5mm），打孔时钻头必须与琴面保持垂直	1	
装配	56	琴徽	根据形制徽位标尺定出徽位位置，安装琴徽，安装后琴徽高出琴面 0.5mm，为之后的漆面工序预留尺寸	1	
	57	琴徽位置打孔	安装琴徽后的琴体刷第二道大漆，将预装的琴徽覆盖	1	
	58	安装琴徽	上漆后送荫房固化，两周以上	1	

工种	序号	工序名称	作业内容	加工时间（天）	存放时间（天）
大漆	59	刷第二道推光漆	检查琴体，对局部细小针眼，用大于 120 目鹿角霜颗粒与大漆拌和后修补（第二次补针眼）	1	
	60	送荫房固化	修补后送荫房固化，两周以上		30
	61	局部补针眼	用 400 目水砂纸，水磨漆面。反复打磨清洗，检查有无需要修补的针眼（还有针眼时可重复以上工序修补）	1	
	62	送荫房固化	送养生房中干燥，三天以上		30
	63	水磨第二道推光漆后的琴体	琴体上刷第三道大漆，注意琴徽位置处的均匀覆盖	1	
	64	养生房中干燥	送荫房固化，两周以上	3	
	65	刷第三道推光漆	用 1500 目水砂纸，水磨漆面。注意琴体漆面的均匀性，琴徽与琴漆面要平整。水磨完成后，用 3000 目水砂纸推光，抛光（用棉布或人发蘸特细灰及植物油），直至琴面光亮	1	
	66	送荫房固化	对硬木配件及安装接合部位置做精修精磨（最后用 1500 目以上的砂纸精磨），含岳山各 R 倒角处理，岳山上有效弦长处的倒角最小，相反侧的倒角最大		30
	67	水磨推光与抛光	用提庄漆多次擦拭琴体及配件（岳山、承露、冠角、龙龈、尾托、龈托），提庄漆要用煤油适度稀释	3	
	68	硬木配件精修精磨	擦提庄漆后送荫房固化，一般不会超过 24 小时，在提庄漆未完全固化时取出擦拭，可多次重复	2	
	69	揩青（擦提庄漆）	待提庄漆未完全干透时用手蘸特细瓦灰与食用油反复擦拭琴体。这个过程可使琴面的厚度感增强，根据需要可多次重复	1	
	70	揩青后送荫房固化	清除足池内的杂物，保证足池的安装尺寸：14X14mm，然后将雁足安装到足池内，要保证两侧雁足的高度一致	1	
	71	退青	利用装置，制作蜻蜓结，做好蜻蜓结、绒扣等的整理，准备安装	1	
装配	72	安装雁足	利用琴弦安装辅助工具，安装琴弦，调整琴弦张力，调整音程	1	
	73	安装琴弦准备（制作蜻蜓结、绒扣等）	试音，并对琴体外观做整体整理，要求外观整齐、整洁	1	

工种	序号	工序名称	作业内容	加工时间（天）	存放时间（天）
装配	74	琴弦安装	试音，并对琴体外观做整体整理，要求外观整齐、整洁	1	
	75	调音试音、琴体外观整理	试音，并对琴体外观做整体整理，要求外观整齐、整洁	1	
			加工存放小计时间（天）	127	620—920
			合计所用时间（天）	747—1047	

附录二：单张古琴打磨次数统计表

序号	工序和打磨内容	时间（分钟）	次/分钟	次 数	备 注
1	面板腹腔	30	120	3600	
2	面板外弧面	30	120	3600	
3	底板内外两面	20	120	2400	
4	加强筋打磨	15	120	1800	
5	腻子批平	5	120	600	
6	龙池和凤沼厚度	5	120	600	
7	腹腔刻款	10	120	1200	木工阶段
8	封闭防潮漆	15	120	1800	
9	合琴	10	120	1200	
10	制作硬木配件	90	120	10800	
11	硬木配件造型	60	120	7200	
12	雁足、弦眼	5	120	600	
13	琴面下凹弧度	20	120	2400	
14	精修硬木配件	120	120	14400	
			木工小计	**52200**	
15	裱布补灰	20	120	2400	
16	粗灰	35	120	4200	
17	中灰	45	120	5400	
18	细灰	45	120	5400	灰胎阶段
19	补针眼	20	120	2400	
20	灰胎琴面下凹弧度	60	120	7200	
			灰胎小计	**27000**	
21	琴徽水磨	30	120	3600	
22	第一道推光漆水磨	60	120	7200	
23	第二道推光漆水磨	60	120	7200	表漆和推光阶段
24	第三道推光漆水磨（含抛光）	150	120	18000	
25	揩青和退青	20	120	2400	
			大漆小计	**38400**	
26	七根蚕丝琴弦打磨	45	120	5400	
			总计	**123000**	

附录三：古琴制作古籍撷英

古琴构造

【宋】田芝翁纂《太古遗音》

琴之首曰凤额，下曰凤舌。其次曰承露，乃临岳之前也，俗谓之"岳裙"。轸穴俗谓之"轸眼"。凤嗉，琴项也，谓之喉舌，可以教令也。仙人肩者，取其若肩背之正也。龙腰者，取其曲折如龙也。又曰玉女腰，取其纤也。自肩至腰，总象凤翅纵然而张。龙唇龙龈，乃琴末承弦之异名。焦尾人谓之冠，取其状名也。冠内两线自龙唇绕入谓之龙须。龙池者，龙为变化之物，潜于幽深之地，迹虽隐而声之所自出也。凤沼者，取凤之来仪，沐浴自如也。轸池又曰轸杯，轸者，急也，古以竹为之，取凤非梧桐不栖，非竹实不食之义也。轸池侧有鸭掌有护轸，足曰凤足，当足处曰凤腿。天地二柱，一圆一方，为琴之心脊也。

材料前期处理

【宋】赵希鹄撰《洞天清录》

1. 古琴阴阳材

古琴阴阳材者，盖桐木面阳日照者为阳，不面日者为阴。如不信，但取新旧桐木置之水上，阳面浮之，阴必沉，虽反复之再三，不易也。更有一验，古今琴士所未尝言。阳材琴，且浊而暮清，晴浊而雨清；阴材琴，且清而暮浊，晴清而雨浊。此乃灵物与造化同机，缄非他物比也。

2. 取古材造琴

唯木鱼鼓腔晨夕近钟鼓，为金声所入，最为良材，然亦有敲损之患。

3. 纯阳琴

底面俱用桐，谓之纯阳琴。古无此制，近世为之。取其暮夜阴雨之际，声不沉默必不能达远，盖声不实也。

4. 桐木不宜太松

桐木太松而理疏，琴声多泛而虚，宜择紧实而纹理条条如丝线，细密条达不邪曲者。此十分良材，亦以掐不入为奇。其掐得入而粗疏柔脆者，多是花桐。乃今用作漆器胎素者，非梧桐也。今人多误用之。

5. 桐木多等

有梧桐，生子如簸箕。有花桐，春来开花如玉簪而微红，号折桐花。

6. 梓木多等

有楸梓，锯开色微紫黑，用以为琴底者也。有黄心梓，其理正类楮木而极细，黄白不堪，若作器用难朽，非琴材也。漆木亦类梓，盖取其漆液坚凝。古人亦以为材料，须不经取漆而老大者方可用。

【明】佚名抄本《琴苑要录》

论曰：夫琴之为器，通神明之德，合天地之和，故非凡木之所能成也。是以必记峄阳之孤桐，蔡邕必取吴中之爨材。由是观之，材之不可不择也久矣。去古既远，峄山之桐，世人有所不能致，故高人上士持选吴中奇绝之材用之。其种有五，其品有三。

何谓五种？一曰黄砂桐，二曰紫砂桐，三曰白砂桐，四曰空心桐，五曰厚皮桐（五种皮厚不可用）。其声高明而振响者，黄赤属阳之材也，其声温柔而敦厚者，紫白属阴之材也。

何谓三品？一曰绝灵（为色边黄边白，半紫半赤，得造化三真之色，柳细而有条理，柔而重，坚而不刚）；二曰最良（色或纯黄纯白，纹柳细而不乱，虽硬而不顽，轻而不虚）；三曰中庸（俱取纹柳条理坚而不刚，柔而甲难入，皮薄而骨多），柳性不均则声韵或美或恶（为纹柳或紧或慢也），软坚无定则徽弦边实边虚（有软硬处），甲难入者，不宜灰漆；似坚而软者，不宜白弹；纹紧，则初弄快人，良久俗恶。纹慢，则入乎无绪，良久温润。故雷民曰："选材良，用意深，五百年，有正音。"倘遇木而斫，不问材之美恶，亦何异琢燕石而求为玉哉。

木料和面板加工

【宋】田芝翁纂《太古遗音》

舌处中间底面共厚一寸二分，两旁连护轸共高二寸四分，承露外中间共厚一寸三分五厘，两旁共厚九分。

岳后并项中间，共厚一寸四分七厘，两旁共厚一寸二分，面收煞三分，底收煞七厘。肩处中间共厚一寸五分，两旁共厚七分，面收煞七分，底收煞一分。

中徽处中间共厚一寸四分，两旁共厚六分半，面收煞六分半，底收煞一分。

十徽处中间共厚一寸三分，两旁共厚七分，面收煞五分，底收煞一分。

冠前中间共厚一寸二分半，两旁共厚六分，面收煞五分，底收煞一分。

尾后中间，底面收煞共厚一寸二分。

自肩至岳，面要肥平，肩至腰连弦外，要慢圆而肥，自足以后，要瘦平而圆。

以上制度并用省尺合法。

面板"槽腹"

【明】佚名抄本《琴苑要录》

论曰：天地得其真，故太虚而莫测，丝桐得其决，故中虚而含妙。唯太虚莫测，故能成无疆之化；中虚而含妙，故能发远大之声。是以古琴之音，或如雷震，或如水激，或如敲金戛玉，或如撞钟击磬，或含和温润，或高明敦厚，皆容手之槽所致也。虽然，今之实腹尚虚，况容手乎？故古之得其旨者，有"清流过浅滩，清声远云端"之言也。

【明】佚名抄本《琴苑要录》"碧落子斫琴法"

凡面厚底薄，木浊泛清，大弦顽钝，小弦焦咽。

面底俱厚，木泛俱实，韵短声焦。

面薄底厚，木虚泛清，利于小弦，不利大弦。

面底皆薄，木泛俱虚，其声疾出，音韵飘扬。

是故为琴之法，必须底面相当，虚实相称，弦木声和。

【清】祝凤喈撰辑《与古斋琴谱》

琴面为表，内里为腹，含虚非空，去塞若谷，弦响虽发于外，音韵实应乎中，浮实清浊之声，莫非所致。以为材质之优庸，亦因体肤之厚薄也。过厚则音抑不扬，而失其清亮，太薄则音浮不实，以致于空散，是则有偏于厚薄而然，考其得当，未有一定，盖材质有轻、松、重、结之异，其新旧又有液滞气化之殊，故必因材而笃之，未可拘定其厚薄，唯于制时随试而酌准之可也。法以琴之里面，亦须划一中主线，再划起项处横线，冠角处∩形，及左右两边留沿地位，均如底内，以便两相合（面与底两相吻合也），又于池沼间，如其长阔，周加三分，划为纳音，于雁足处照底内式留之，以固足孔。此腹里各处，所宜留实地位，与底之内面相对合也。各线划定，再刳其虚处，亦自左、右沿内，由浅而深至中（由左右沿刳至中线处是也），约刳去二三分深，务须随刳随合，试其音韵（初刳不可太深，恐而板薄，而音空浮，则难救治，故必于随刳随试，其音以为去取地步，毋惮于开合安弦之工也），以音得其坚实清亮，而不致于空浮蔽滞者，庶为中宜。若审音不精，则以空散为洪亮，蔽滞为坚实，每因欲洪亮，而多失于薄，致音哄然者，往往而罔觉。岳与龈内际各须留实木地位，若刳至逼近，甚而令下空，则音无所附（丝附木鸣），而反不越矣。或于此二处，留实木过多，则音亦不畅，须留神审定，切勿致疏忽，尤宜慎之也。再则两纳音处，亦须细酌其高低。其式乃隆起者，盖因池沼两口，为通音气之所，恐其直走散泄，故纳而遏之也。又因腹内此节宽虚，恐其散漫无关而不聚，故又于池沼口留沿而蓄之也。此乃雷氏制为心得之奥妙也。纳音上下左右，渐渐隆起，似剑脊而不露中锋，若太高而蔽塞池沼之口，则音瘖矣。关闭得宜，乃尽其善。又设天地二柱，一天柱竖于四徽界中，一地柱竖于七八徽界中，天圆而地方也；径皆三分，高如内虚，上抵面而下抵底，以防折也。腹内刳法，宜于周体停匀，无偏厚薄，各界分清，光整不碍为妙，再则纪年月日，署款留名，镌于纳音左右，蕴藏于内外可视及，毋深隐焉。

合琴和配件

【宋】田芝翁纂《太古遗音》

以七日为度，日久愈佳。

凡合，用上等生漆，入黄明胶水调和，挑起如线，细骨灰拌匀如饧。

【明】佚名抄本《琴苑要录》"琴书"

凡欲合琴，先择良月。须于三伏内用上等细生漆入清薄牛皮胶煎水，大忌肥腻，渐渐入少调和令匀，后挑起如细丝不断，方得下细绢。罗牛胫骨灰（牛胫骨烧存性），一两调末，一两相伴搅稠粘如饧，然后均匀涂于板缝上。先以竹钉子于两头边及焦尾下面勘定，贵无长也。然后用索匀缠，仍于天地柱两边，以木楔楔之，上缝上漆出便随手净刮去，入窨内七日，候干取出，尺寸制度，并依前法挂弦试之。如无癣病，然后用错打去棱角，别籍灰漆做出，即永露木之病也。

【清】孔兴诱辑订《琴苑心传全编》

用鱼鳔熬熟捣烂，加白芨剉末，再熬熟捣烂，合时以火灸其缝，令各处化匀，即速合定，再从外灸之，其缚楔法如前，不入窨候干，以竹削细楔，自近岳肩至腰上下尾末两边五处斜钻眼，以竹楔加胶楔紧，待干削平。

调 漆

1. 煎鬖光法
【明】佚名抄本《琴苑要录》"琴书"

好生漆一斤，清麻油六两，皂角二寸，油烟煤六钱，铅粉一钱，诃子一个。右用炭火同熬煎，候见鹡鸰眼上，用铁刀上试，牵得成丝为度，绵滤过为鬖光也。

2. 合琴光法

【明】佚名抄本《琴苑要录》"琴书"

煎成鲎光一斤，鸡子清二个，铅粉一钱，研，清生漆六两。右用同调和合匀，亦须看天时气，并漆紧缦，如冬天用，加生漆八两至十两；如夏天用，即减五两；春二时增减随时。并须临时相度，上简试之，如见干迟，即更入些生漆，如或干速，即更入些黑光，少点些麻油，和好绵滤过，然后用之。凡欲光琴，须要再用绵旋旋缓滤，方可入窨窨之。

3. 晒光漆法

【清】祝凤喈撰辑《与古斋琴谱》

先滤净好生漆，置盘中，日晒少顷，以竹片搅翻至盘底，色白，有水气，时时晒搅（晒令漆光，搅不干皮）。至数日，则漆中水气晒尽，其色如酱，而发光亮。入冰片或猪胆汁少许，调匀，则漆化清利而不滞（冰片、胆汁性走利，化漆使清，以笔蘸之，可以写字，如用墨然），其光如鉴。欲其色黑，以铁锈水酌调入漆中，色转灰白（锈水调多，则漆不干，须加光漆和之），拌匀，刷器上，待干，其黑尤胜（生漆本黑，入锈水者尤黑）。有用墨烟入漆者，不若锈水之无渣滓也。如不用冰片、胆汁和调（用其一，非双用也），其漆浓滞，而不化开，每有刷痕。调好光漆，再以夏布铺棉，绞滤数次，则无蓓蕾，洁净为佳，作紫霞色。用真银硃（假者搀黄丹，入漆便黑）渐调入漆，试色如端石为佳，硃多则红非紫矣（每张琴用退光漆三两，刷一道）。光漆不置日晒，以火炖之，用磁盘盛净生漆放文火上，时时搅之，一经漆热即离火，随搅随扇，风冷，又覆炖热搅扇，如是数次，则其漆色如金，其光亮尤胜于晒者。晒难而炖易成也，唯炖必时刻留意，搅不停手，以防底焦，一热即须离火搅扇，风冷，过热则漆熟不干，至于无用矣。

灰　胎

【宋】田芝翁纂《太古遗音》

鹿角灰为上，牛骨灰次之，或杂以铜输等屑尤妙。

【明】佚名抄本《琴苑要录》"琴书"

五髹而灰足矣（五髹五度也，二粗而三细），细磨令断其癣也。

第一度灰，要粗而薄，候干，略用粗石磨去高跛。第二度灰，宜均，候干，轻磨过。第三度灰，用细灰，要平更匀。第四度谓之补平，更用水瓦无沙者，可及一尺以来如镜用之，若磨未平，即更以灰补之。两侧边即用小瓦临时以水磨就，糙漆三五度，皆用上等生漆，将琴向日气暖处，令漆漫润入灰，用漆檫（数边切）来去，遍数益多为妙，逐度用龙水石浇水磨之，务要平直，然后安徽，更糙一二度，又以龙尾石磨平，方用光漆，漆后入窨，候可退退之。

【清】祝凤喈撰辑《与古斋琴谱》

凡涂漆灰，皆用牛角篦，批抹致有厚薄之偏，难令一统平匀，予构思用刷则得平匀，洵为良法。

用猪鬃扁刷，豪长四五分者，沾漆灰，涂遍琴面底上，约厚一分半（磨好约厚分许，太薄不胜指，太厚音蔽不亮，酌适其宜），又以从横斜三法（或直刷，或横刷，或斜刷），反复周遍刷匀，使无偏薄偏厚之病为善。漆灰刷好待其干透（干后三五日），先以琴面朝天，置于长矮案上（案如琴之长阔各加三五寸，高则二尺为率，便于顺手推磨，易于用力，琴置案上，须平稳不可动摇）。用长条平面石，以右手覆掌，对石腰中执之，随手一直推去，顺其自然，毋庸着力，磨须用水（无水干磨难平且涩，宜常用水），随磨随以布拭看，遍面要磨匀，但不可久磨一处（久磨一处，恐致低陷偏薄），盖由琴面之中磨及左右，乃自尾起，一直推至一晖止，逐行（七阳韵）周复磨之，以无敊音，平直匀整为妙。一晖至岳内际一节，另起照法磨好。须随时安弦，按弹试之，各弦上下之间，如犹有敊音，再以长石，一直推磨，渐渐可令一路平直，敊病自然尽除。切勿以短石专磨敊处，则有顾此失彼之弊（此处磨好，彼处犯敊），唯宜长石直推为善法也。琴面固以各弦上下间俱无敊病为妙，然而周面上下又须一统匀整（一统匀整者，退光后见之豪无陷光处），庶为功成尽善。琴底漆灰推磨亦然，唯免较无敊音，为易事耳。

【清】唐彝铭纂集《天闻阁琴谱》

蔡氏云，凡琴有敊者，即宫多十徽，徵角多九徽，乃弦磨徽下凹也。其宫按十，即九上有妨；其徵角按九，即八徽有妨，故曰敊也。若宫十角九两处无凹，即不名敊，号曰拍面，他皆仿此（徵音止凹于交切不平也）。

推光漆和琴徽

【明】明成祖敕撰《永乐琴书集成》

先用牛骨烧灰捣为细末，筛过。次用十分好生漆，使绵滤去其渣，交和骨灰，微微薄上琴身，候干。次日以细嫩石磨之，取其平博为度。再上生漆糙一次，候干，再用细嫩石磨平。

再上光漆两次，磨平，却使光漆一次，候干，以旧绢揩拭，取其自然，光如镜照人面矣。

【清】祝凤喈撰辑《与古斋琴谱》

琴于周体俱制尽善，工无复加，然后退光。所谓退光者，非徒以光漆刷上，候干，而有光亮已也，乃于干透后，用飞过砖灰或磁灰（飞澄法详《灰漆平均篇》），以老羊皮（详《备用篇》）蘸芝麻油、沾灰，按光擦之，初令去其外面浮光，再则推出内蕴之精光也，以愈推愈妙（推，即擦也，用力遒劲停匀是也），致令须眉可鉴。唯砖磁灰中与所擦之羊皮二者，不可稍沾微细砂粒，一有，擦成划痕，切宜慎之。指甲划着亦致痕路，推擦时，须去指甲为妙。

【清】祝凤喈撰辑《与古斋琴谱》

琴有十三徽，七徽居乎中，余则左右相对，六、八、五、九、四、十各为对，三与十一，二与十二，一与十三，各为对，其位宽窄不等，自岳内际，至龈口内际计之，有八折、六折、五折之别，其八折之一、二、四、六、七处（三五两处不用），即一、四、七与十三徽之位，六折之一、二、四、五处（第三处仍是第七徽位），即二、五、九与十二徽之位，五折之一、二、三、四处，即三、六、八与十一徽之位也。

先于琴面一四弦位（四弦居岳龈之中，一弦居岳龈之边），各弹一直墨线，又于一弦墨线外，首尾各离二分，又弹一直墨线，为安徽位之中线也（琴直视为直线，琴横视为横线），另用裱纸（裱成二三重者）一条，阔五分，长如琴面，自岳内际，至龈内际，无少盈缩，为要，照法八折、六折、五折匀之（各折法以极匀为要，不匀则不准矣），照所定之徽位处，画一墨线，将此纸条直过，靠四弦直线上，黏贴，一头至岳内际，一头至龈内际，倘有些微长短，则此纸条徽位不准矣，再以丁式尺（横直平正必用此尺，均准无差，详《利器篇》）之直边，靠四弦线上，其横边，靠纸条所画徽位线上，其横过下，另有铜片，则按落于一弦线外之徽位直线上，用墨扦画之，与徽位之直线，成为十字形。每徽位处，悉照此法画定，则十三徽位准矣。

螺钿初锯成方片，由方规圆，锉好大小，径约三分左右，以极圆为妙，每须成对，共六对另一，配为十三，七徽独大于余徽少许，然过大则俗耳。

【清】周鲁封汇纂《五知斋琴谱》

琴徽多有不准者，皆因安徽之时，折叠分寸，不识个中之窍，以致舛错。须知岳山至龙龈，对折居中，即七徽，以七徽至岳山，对折居中，即四徽，以七徽至岳山三折，一折即五徽，再折即二徽，三折与岳山齐，四徽至岳山对折，即一徽，五徽至七徽五折，从五徽取二折则六徽，从二徽取一折则三徽，后之八九等徽，以七徽至焦尾，与前折相同，即不至谬，试弹泛音，声声相应矣。

雁 足

【清】祝凤喈撰辑《与古斋琴谱》

雁足制成体圆如象棋，径寸许，高五六分，中安柱，方四五分，长一寸二三分，柱根安入琴底内五分，余露底外，以栓弦者，此节略小于根。或作圆者，然宜于方，则栓弦不退。

琴弦安装

【清】祝凤喈撰辑《与古斋琴谱》

轸子长八九分，其式有上下皆圆，有上圆而下五六棱角者，易于旋转为力，顶上圆如盘碟式，径四分，高一分余，顶面上须周高中低，如窝形，则转不退回，反是则滑，而旋不能定，顶面中，开小孔如绿豆大，直透于下，盘式底外作颈，稍小于顶面，旁开小孔，通于顶面中，离颈小孔下三分，之右旁又开小孔，斜通于其直透下之孔，以穿绒扣，凡轸制有中孔直透下者，绒扣穿入不唯不旁碍于轸，而得条条匀列雅观，此乃后人智及。

【清】王仲舒撰《指法汇参破解》

绒扣必须用绒，断断不可用线，用绒任久，用线易断，散纶绳粗细，宜与扣眼相准，先搓单股左纽，以紧为度，即将所搓之单股对折，任绒右旋成绳，绳不必紧，绒尾缩结，别用细弦线一条紧绒扣，从轸之旁眼，引出轸之正眼寸许，余绒绳，于旁眼处缠转抽紧，次以紧绒头之细弦线，引过扣眼穿弦，其绒头弦结，约于弦上定后，恰临岳之半为率，绒尾之结，可长过轸二寸许。

绒头穿弦七条既毕，将弦挨次缠琴岳上，然后挨次上弦，不致披地垢污。

【清】唐彝铭纂集《天闻阁琴谱》

弦根挽一结子，名曰蝇头，又名蜻蜓头。打法用温水将上四缠弦润湿，则易于曲折，以左手将弦朝上，折倒二分，捏住又折二分，亦捏住右手将弦挽一圈套，从中束紧，其形如蜻蜓蝇头，鼻眼悉俱。总要匀停以极小为佳。大抵四缠弦粗而难挽，失于大，下三弦细而易挽，多不匀停。兹本堂亦将下三弦用生丝搓线缠过一寸五分，照样挽成，则一律好看，此亦是随人所好耳。

【清】祝凤喈撰辑《与古斋琴谱》

七弦均宜结蝇头，以入绒刌安弦，令不脱也。法以弦头折转三分，作两折转，令弦头居中朝上。其初折往下转右，二折往上转左，故弦头居中而朝上也。以左手大、食两指捏住，右手将弦向外作交股圈套，于两折转之中抽紧，便结如蝇头矣。式以左右若两眼，正面之中如直鼻，其背面必得交股之形，则穿入于刌扯紧而底平贴于岳矣，窍往作圈套上抽紧拨转之际而成式也。须以整小为妙。图绘大体，示易晓耳。

【明】杨抡辑《真传正宗琴谱》

凡上新弦，大端都要紧些为妙，若过一夜，其弦自慢，和平有声，音韵清脆，若初上不紧，次早定然皮慢不响，上时假如该按七徽对音，反下八徽按之，上完定弦之时，则相合矣，若照依本徽对音上之，定弦之际，必松一徽也，余弦类推，俱各下一徽对音，即秘法也，大抵新弦要上两三次方定，半旧之弦就对本徽上之方可也，旧弦又不宜太紧，太紧弦绝，若数琴弦数目，先从向外大弦为君弦数起，一弦至七是也。

【清】蒋文勋撰《二香琴谱》

上弦之法，各有不同，唯赵午桥先生授余以抱月上，不竭力而最得法。其法坐于低杌，将琴横于膝上，焦尾向左，岳山向右，琴面朝身，初上五弦，将弦从龙龈由托尾靠琴底曳至内雁足一演，将弦缠于手巾上，亦缠至近雁足为度，然后右手将弦用力下压，左手从十二徽间将弦助送过焦尾，右臂撑子与胁顺手将琴夹住，不使向右走去，扯紧之后，缠于雁足，弦头穿过拴牢，不可打结，次上六弦，右手将弦在雁足一缠，不可放松，大、食二指捏牢手巾，中、名、禁三指与掌托琴内翅，将琴偏放在膝，左名指按五弦十二徽，左大指先爪散六，次爪五弦以应，如应在十二徽下，是六弦慢，要另上，如应在十二徽上，是六弦紧，右手略略放些再和，和准缠紧拴好，三上七弦，名指按五弦十徽，大指先爪散七，次爪五弦以应，此三根弦俱拴在内雁足，四上一弦，可以不用臂胁夹住，盖一、二、三、四弦宽，不必用力扯，故琴亦不走，右手顺捏外翅，琴面朝身离衣，左名指按一弦八徽，大指先爪散五，次爪一弦以应，五上二弦，名指按九徽应散五，六上三弦，名指按九徽应散六，七上四弦，名指按九徽应散七，此四根弦俱拴在外雁足。

龙龈上弦路要排得匀，岳山上蝇头要排得齐，上弦缠得紧，便勿甚走，则和弦只消略略收放，蝇头便勿参差矣，凡上新弦大都要紧些，若过一夜其弦自慢而和平矣，若初上不紧，次早定然皮慢不响，上时假如该九徽取应，反上八徽按之，余弦类推，俱上一徽。上完和弦，刚刚正好，大抵新弦要上一二次方定，凡上旧弦，不宜太紧，太紧恐断，凡上合乐琴弦，必以笙笛定之，唐宋以来多定中吕均。以工字定五弦，余弦依五弦而上，若弦弦以管定，是笨伯矣，盖合乐与众乐齐作，金石与竹匏土革木之音，皆有一定，唯丝音紧慢无定，故必以匏竹之音定之。

传曰"琴瑟之专一，谁能听之"，谓合乐也。凡上独弹琴弦，不必泥以管定，上弦必需人吹管，亦不便，大都不离乎中吕均，盖此调在十二律高下之次，位居第六，最为得中，又与黄钟均相通，伯牙鼓琴钟子期听之，即独弹也。然八音不独琴瑟有独鼓，余乐皆有单作，如鼓钟于宫，金音也；子击磬于卫，石音也；长笛一声人倚楼，竹音也；王子晋好吹笙，匏音也；蔺相如请秦王击缶，土音也；祢衡试鼓，为渔阳掺挝，革音也；鼓柝而歌，木音也。

百衲琴

【明】明成祖敕撰《永乐琴书集成》

唐汧公李勉素好雅琴，尝取桐孙之精者杂缀为之，谓之百衲琴。用蚌壳为晖，其间三面尤绝异，通谓之响泉韵磬焉。

《广乐记》曰，李勉字元卿，妙知音律，尝自造琴，取新旧桐材，扣之合律者则裁截杂取，胶缀为之，谓之百衲琴。用蜗壳作徽，其尤绝异者，谓之响泉韵磬，弦一上可十年不断。

【清】沈维裕著《萜琴琴谱》

琴有名百衲者，其质桐，其面则缀以杂木，始于唐李勉，后人仿制出不佳者多，故徐越千先生竟以为不足取。余始亦信以为然。待得百衲后，则知先生之言之固，百衲出不尽不足取也。盖制琴难，制百衲尤难，材欲良，工欲善，音欲亮，而后以它木之贤者补出其音，仍昶而不晦。此断非庸手所能制，故竟以百衲为不足取者，或未之见，或所见皆出自庸手者耳。

仿断纹大漆工艺

【宋】赵希鹄撰《洞天清录》

古琴以断纹为证，琴不历五百岁不断，愈久则断愈多，然断有数等。有蛇腹断，有纹横截琴面，相去或一寸或二寸，节节相似如蛇腹下纹；有细纹断，如发千百条，亦停匀，多在琴之两旁，而近岳处则无之，有面与底皆断者。

【宋】赵希鹄撰《洞天清录》

伪作者，用信州薄连纸光漆一层于上，加灰，纸断则有纹。或于冬日以猛火烘琴极热，用雪罟激烈之，或用小刀刻画于上，虽可眩俗眼，然决无剑锋，亦易辨。

【明】明成祖敕撰《永乐琴书集成》

凡古琴岁月既久，胶漆自解，其面多作断纹，往往以此见重于世，然不知常琴收之年深率亦如此，第顾声何如耳，不必以断为佳也，又有琴工欲其易售，故为之者其纹粗大、长阔、齐匀，伪迹自露，岂能欺人哉？

传世古琴修复

【清】祝凤喈撰辑《与古斋琴谱》

琴腹内与龙池、凤沼两纳音等处，为音韵所攸关，空散哄浊等病，皆由此出，不一而致，有因面底内，刳之太过，面底相合，内太空虚，致音空哄（似洪不清，清则不哄哄然）者，有因面板太薄，而亦犯此病者（刳太过则薄，薄则难以增厚，不可救治，非若厚可去而令薄者也），唯面板不薄，犯此等病，可将面板周边（与底板合缝之处是也），去其一二分，或半分，试之，令其音聚（则不散），实（则不空），清（则不哄），静（则不浊），是为得之，或以底周边（与面板合缝处是也），去半分，嵌入面板边内，此因面板之边，或不能过于多去，故去底板之边，嵌入凑合，庶令腹内，毋过空虚，有因面板内，池沼纳音处，未留凸起之势，致音无关含而散漫者，则宜补贴凸起之木，以胶、漆、竹返本还原，皆可操券而得，倘为庸劣之手，任意妄修，反致有损无益，此则修整之法，不可不深究其尽善者也，致于中庸材质，修之得法，因笃之工，唯不误其本色而已，若其材本美，因初制质新，蕴藏妙音，隐而未发，迨历年深远，木性化尽而出者，有之，此非人力之工所致耳。

甑蒸法，制木甑，圆径一尺大，高五尺，底平，离甑下一尺，安之，底板，开横缝数孔，以通蒸气，釜内贮水，置甑釜中，置琴甑内，用文火蒸五六时候，取出风干，则霉潮尘秽之气去矣，先须以琴面底掀开，浸清流中十日洗净后，再入蒸为妙。

【清】祝凤喈撰辑《与古斋琴谱》

戾者，言其音有所碍，而成唧唧之声也，大多由于琴面之不平而然，但琴面之有凹坎不平者，固可易见，其非凹坎，而微范高低，未得极平者，已非目力所能及，亦致于戾音，故必以长条平面石（尺余长，愈长愈妙），轻轻磨之（磨必蘸水），方可去病，琴面一徽上至岳内界，若统平而不渐低消纳（详《岳龈凑应篇》），则弹指击琴面，须按法修之。

【清】祝凤喈撰辑《与古斋琴谱》

琴弦之病有二，其一在一、二、三、四弦，所缠外一层之纬，或松虚而不紧结实，则内外皮肤相离，致音犯哑，须以胶矾水（明亮鱼漂胶、牛胶各一钱以水炖化，加生白矾五分，不可太浓，以黏为度），或以生桑叶捣汁，周身刷透晾干，则音亮矣。其一因各弦，或有接续断瘰处，露成疙瘰（如细粒而碍手者是），致碍琴面，亦犯哎音，须以薄口小刀，挨弦皮上，轻轻削去，则音清矣。

【清】祝凤喈撰辑《与古斋琴谱》

岳山忌高（所谓前不容指是也），法详《岳龈凑应》条内，若太低，弹按弦声，逼于琴面，亦犯哎音，则此岳无用，须另制更之，如太高，或不照琴面形势（须如四徽间琴面形势），则抗指难按（抗指者按之着力似不能贴实于琴面），须渐磨低试之，又须如琴面形势，修之，若歪斜，则泛按之音，位移（移易其一定之位），须修正直，如空离（岳下面不倚贴琴上），则音浮散不清，须修令贴实。

【清】祝凤喈撰辑《与古斋琴谱》

龈宜极矮（所谓后不容纸是也），过低于琴面，亦犯哎音，如逼促（不高不低之间），则犯影声（如影随形，似是而非，其声不清），须增微高，或用翎管垫之（雁翎鹅翎管均可，对中剖开，以热水泡软，压平，剪如龈口宽窄，用以垫于弦下），如过高则抗指，龈口外，若有锋棱，则损弦易断，龈托有锋棱，亦然，均须磨去。

【清】祝凤喈撰辑《与古斋琴谱》

徽宜得位，如偏倚（或偏上，或偏下），须以八六五折定之（详《安徽准位篇》），如过大，则俗，过小则晦，若离（离于一弦边也），则散（不聚也），若躲（躲于一弦之下），则暗，均须如法，酌适其宜，修之。

【清】祝凤喈撰辑《与古斋琴谱》

轸子有七，各宜离开一分余，若密，则旋转碍指，如大，则挨挤之病亦然，轸顶面，宜窝，如平，则旋转滑动（旋紧即复退松）。雁足，宜平，如斜觚，则琴横摇动，又宜涩，如光滑，则栓弦走退（栓紧即又退松），均须修得其宜。

【清】祝凤喈撰辑《与古斋琴谱》

绒扣，宜松紧适中，如太紧，则旋弦音难更，太松，则绒扣易坏，若出岳（长出岳山之内），则弦音不响，离岳（短不及岳山面上），则弦音劀烈，绳头宜小，如大，则俗，若乱（不如法结成），或反（交股向上，单鼻向下），则弦音浮（弦不贴着岳山），悉去其病，如法修妥。

【清】祝凤喈撰辑《与古斋琴谱》

轸池，宜平涩，如凹凸（高低不平），则轸歪，若光，则轸滑（滑则易退松），弦眼，宜正直，若歪，则轸斜，若离（不依靠岳山），则绒扣不贴岳，若密，则轸子挨挤，若小，则绒扣塞碍难转，均各从其所宜，修之。

【清】祝凤喈撰辑《与古斋琴谱》

琴面，有因初制，用新伐材料，未经水浸去液，又非年久干透者，制后，木性渐干，或砣或折（性转下面则砣，折性转上面则折），有因被水浸所侵，置风日晾晒，而转砣、折者，有因被重物置压琴中，而致砣、折者（由上面压则折，由下面压则砣），皆须将琴面、底两板片拆开，全身入水，浸透后，再以琴面底各用坚厚平正木板二片（木须坚平而厚二三寸者，庶几不致弯昂，或用平正石板厚一寸许亦可），夹定，平放实地（放不平实而下空致夹板亦弯），渐加石重压之，令平（骤加重恐压断裂矣），或置酷日，久晒干透，或以火烘数日，再去其夹。压两件更妙，此法，盖先以水浸透琴木令其性可以转，续以平夹、重压令其性渐皈依平正，又须日晒火烘，干久再去其夹板、重压，两者令其性定，而不反复矣。

【清】祝凤喈撰辑《与古斋琴谱》

琴有断纹，由于历年久远，灰漆性气化尽而然，因是致有起壳，而易脱落，成凹坎之病（灰漆性化则不胶黏，而离于木，是以起壳，不能贴实遂致脱落，便成凹坎），若在按位，其音必敔（琴面不平或微高，微低，其音必敔），迨经起壳，虽未脱落，然其灰漆，已离于木，不黏贴实，以指甲按之，内系空软不坚，须细心以小铁锥，尽去其起壳之灰漆，又不可累及贴实处（灰漆年久，其贴实着木处非若新漆灰之胶黏入木，坚固不脱者，稍动则去之甚易也），所成凹坎者，新调漆灰，补之令平，再用细嫩长条石，统身轻手磨之（重磨年久灰漆则易去而薄，薄则更易起壳而脱落矣），不可多用水磨，须防浸透灰漆，更多成坎（磨必蘸水，水多则年久灰漆浸透易于脱落，非若新灰漆干透坚牢者，水多不能浸入矣），必须磨好均平，毫无敔病（去敔音病必须长石推磨，则用力少而成功多，若用短石磨之必有顾此失彼之病），然后用滤净好生漆，以细绸蘸漆，统身擦（即擦漆之法），匀薄而不滞，待干再擦数次（三五次不拘），若作紫霞色者，用银硃渐入漆中，调和得宜，则断纹仍存，古迹俱在。如用刷漆之法，则断纹漆却，然必其断纹古旧，周身间有起壳（起壳必去），脱落（脱落必补），方可遵照此法修补为妙，倘周身灰漆，过多起壳，不胜指按，尤易脱落者，不得不尽去其旧灰漆，而全身新髹之，或但于琴面，一弦至七弦两界之中，去旧新髹，唯留左右两边断纹，或将琴面全新漆灰，而留其底断纹，庶足以供抚弄，又不失留古意，洵为两得，否则如陶处士之无弦琴，不劳弦上音，但得其断纹之趣可。

琴坛十友

【明】蒋克谦辑《琴书大全》

细白好丝不以多少，择州土好者，先须拣择明莹、精白、均净、温润、细者，并须择去粗礌，络之五丝为综，欲打时，先用清白净水浸之，令透然后分丝打之，并须左搓右合。

第一弦用一百二十丝，分为四股，秦子四个，重五两，省秤黑锡为之，铁作茎，合锤一枚，二十两，亦用前物分定，左搓，切频频行水洒润，见股紧便合之，坚硬旧竹一片，如人手掌，于竹两边共开四棱，用架丝之四股也，使人持执，徐徐行之，恐其合股之不匀，此谓仙人掌也。如合弦了欲收时，以旧竹筒卷之，则和筒煮也，乃用木截长四寸，径三寸，令圆一头大，此又用如人手指大竹六片，钉在木上头，四周围小头不须钉，此谓之卷弦轴，合弦了用此卷之，随时即便脱取弦下，候煮煞了，用纱子缠之，以应其宫。第一弦者即为第四弦应徵也。

第二弦一百丝分为四股，秦子四个，每个重四两，合搓一个十六两秦子，磋打合并如前法，用纱子缠之，以应其商，第二弦不缠者，为第五弦应羽也。

第三弦八十丝为四股，秦子四个，重三两，合搓一个十二两，秦子磋打合并如前法，以纱子缠之，以应其角，第三弦不缠者，即为第六弦也。

第七弦六十丝，秦子合磋，即用第三弦法度打之，已上四弦，并须看丝粗细，用意相度，加减临时，见丝太粗，第一弦减二十丝，渐至四十丝，作七弦。一弦减二十丝，纱子用丝，秦子重一两，打时足合弦搓，即左搓也，如紧即用竹筒卷收。其竹筒刮去竹青皮煮数沸，方可用也。

【明】蒋克谦辑《琴书大全》

凡欲煮弦，须候天气晴明方可。煮先须择清水，锅子不得肥腻，水须过其弦，用小麦少许同煮，如见麦绽，丝即熟也，如煮太过则无声，稍生则脆，贵得其中。纱子先搊出，不可与弦同时，弦搊出后，须用大鱼胶一片，煮熟烂挝，槌以汤浸之，取其薄薄清胶水，度其弦过，猛日中抨煞之。抨须令急不可缓也，煞之唯久为妙，然后收之，断时须长五尺五寸省尺，如浙尺，须长六尺六寸。又云以白芨一钱，皂子白一个，明胶一钱，小麦半盏，以河水煮之。

香白芷、玄晶石、桑白皮，又一法。打法如前。先用鱼胶浸夏三日，洗净，搜细，除其血膜，用箬包紧煮烂，用石器练，练时须加巴豆，则不粘手，候极细，摊于竹筒上，晒半干，切开剥下，再晒待煮弦用。先以南星、白芨、明矾、硇砂（少许）、黄蜡、小麦、巴豆，用小瓦瓶煮浓汁，另放别用，瓦瓶煮前胶水，以一滴滴于刀铁上，试之略略粘手为度，不可太浓，浓则硬折，次以前药汁入之，候滚起，以竹筒卷弦，以大者居下，次第逐节卷之，溺于胶内，候略透，便提起，又候滚再溺，凡三次，提起胶水，放地上，候略冷，仍以线浸于中。令透取起，绷紧晒干，临缠时，又用小瓶煮热胶水，频频润于缠丝上。

【明】蒋克谦辑《琴书大全》

其纱子用车子旋卷之。缠弦当取天气阴润，缠之方妙。抨其弦当取一头定就一处，一头以椅子架之，令一头昂，抨定其弦，穿过车子，用石坠之，如第一弦用六斤许石，二弦四斤，三弦二斤，仍须二手停匀，不可令有疏漏及有重迭，唯紧为妙，用针缠之，倒穿过紧缠煞之。

【清】陈世骥辑《琴学初津》

琴罩用白缎或市绫尽绢等，绘画山水花鸟人物皆可，唯画法宜切入琴曲尤妙。依定琴之长短阔狭，尾后包转约二三寸，如琴尾而制之，首用带瓣纽扣，便于启卸其罩夹裹用，纺串绫濮等绸为之，琴横案上，悬挂壁间，均宜用罩以辟尘沙。

收藏移带琴，必囊护包裹，或携琴而访友，或游山而玩景，皆宜。囊护以游，行囊之最上者，用锦制，次则绸绉，再次则锦纹布等，均需翻絮，其反面池沼处开以细缝（不必开孔），庶便移挂，而单幅包首用带或用纽扣皆可，其统双幅者曰护，以备雨天出门所用，以油绸、油布制之，池沼处均勿开孔出缝，在口处用带子扎缚，庶免潮湿相侵矣。

【清】唐彝铭纂集《天闻阁琴谱》

辟尘垢便于琴囊，余将琴囊自雁足至尾作甬，其余用绦结扣，便于装取，是以囊兼被更妙。

【清】李郊编定《颍阳琴谱》

古人蓄琴于家，止用琴囊，并前面挂法，至于皇华之使，必将琴剑悬于车舆。山林之士，遨游海内，必以丝桐挟于童仆，倘途中偶值滂沱，艰于回避，且古琴木性干久，易于受水，虽有琴囊，奚能遮盖，是以古人必造琴匣，仿佛琴样，亦用岳山焦尾，止捐徽点，用杉木制造，取其轻便，表里布漆，外黑内粉，底铺棉褥，琴轸落槽，庶不摇动，前后合扇，穿以铜条上锁，即命驾千里，亦无虑矣。

【宋】赵希鹄撰《洞天清录》

琴案须作维摩样，庶案脚不碍人膝，连面高二尺八寸，可入膝于案下而身向前宜，石面为第一，次用坚木，厚者为面，再三加灰漆亦令厚，四脚令壮更平，不假坫扱，则与石案无异。永州石案面固佳，然太薄，板须厚一寸半许乃佳。若用木面须二寸以上，若得大柏大枣木，不用胶合，以漆合之尤妙。又见今人作琴桌，仅容一琴。须阔可容四琴，长过琴三之一，试以案较琴声便可见。琴案上切不可置香炉杂物于前，吴自强《云山集》云："于案面作小水槽不必尔也。"

【清】陈世骥辑《琴学初津》

琴不用荐，弹时着力未免摇动。且琴之两雁足颇多长短不齐，底木亦有平圆不一，故宜用荐垫之使平也。其荐之制最上者，用桦皮为之，取其轻而且滞（桦皮向弓箭作内辨之），兼便移带（如不用时，须囊而收贮，庶不损坏）。次用软薄牛皮制，如囊中实细料珠极妙，再次或绒或呢或绸布，作囊，中实净砂（净砂法用黄砂二三两，盛以布囊，向清流水中淘洗，至水白为度，晾干收贮听用，如有白砂更妙）。荐长约四五寸左右，阔约一寸二三分，一厚一薄为一副。厚者约五六分，薄者约二三分，实砂宜松，约装七八成，庶便高低垫用，琴横于案，尾宜高而首宜低，其荐之厚者，支于雁足下，薄者支于琴颈下，垫设稳妥，而后动操，则无摇动之虑矣。

【清】祝凤喈撰辑《与古斋琴谱》

琴横案上，首在右，尾在左，凫掌与轸，落案面下，雁足置案面上，此为特制琴案而然也。若寻常几案横琴，则以轸离案右，约三四指宽，便于轸弦，不置案中，宜近案边，便于下指。荐制一对，不拘布绸，用软皮尤妙。长五寸阔二寸，表里如一，内实以细砂，厚薄得宜，周密缝之使砂不泄。一垫于琴底颈间，一垫于两雁足处，令其平稳不动。琴不用荐，则弹案着力时，必推动。荐以水微润，则更粘贴案面，尤其安稳不移矣。

附录四：历代古琴文献举要

序号	朝代	文献	作者
1	春秋战国	《周礼·考工记》	伯牙
2		《伯牙合弦法》	桓谭
3	两汉	《新论·琴道》	桓谭
4		《琴论》	
5	魏晋南北朝	《谢希逸造弦法》	谢希逸
6		《琴赋》	嵇康
7		《齐民要术》	贾思勰
8	唐	《琴记》	李勉
9		《陈拙合弦法》	
10		《齐嵩论弦法》	
11		《梦溪笔谈》	沈括
12		《碧落子斫琴法》	石汝砺
13		《太古遗音》	田芝翁
14		《洞天清录》	赵希鹄
15	宋	《断琴记》	佚名
16		《古琴考》	
17		《僧居月斫琴法》	
18		《僧居月制弦法》	
19		《苏东坡笔记》	苏轼
20		《杨祖云辨丝法》	杨祖云
21	元	《云烟过眼录》	周密
22		《说郛》	陶宗仪
23		《丝桐篇》	刘珠
24		《琴苑要录》	佚名
25	明	《增订格古要论》	曹昭 等
26		《永乐琴书集成》	明成祖
27		《太音大全集》	袁均哲

序号	朝代	文献	作者
28	明	《西麓堂琴统》	汪芝
29		《风宣玄品》	朱厚爝
30		《琴笺》	屠隆
31		《重修真传琴谱》	杨表正
32		《真传正宗琴谱》	杨抡
33		《琴谱合璧》	蒋克谦
34		《琴书大全》	蒋克谦
35		《文会堂琴谱》	胡文焕
36		《阳春堂琴经》	张大命
37		《太古正音琴经》	张大命
38		《燕闲四适 • 琴适》	孙丕显
39		《青莲舫琴雅》	林有麟
40		《西麓堂琴统》	汪芝
41		《乐仙琴谱》	汪善吾
42		《古音正宗》	朱常涝
43		《松弦馆琴谱》	严徵主
44		《天工开物》	宋应星
45		《琴声十六法》	冷谦
46		《髹饰录》	黄大成
47	清	《与古斋琴谱》	祝凤喈
48		《五知斋琴谱》	周鲁封
49		《二香琴谱》	蒋文勋
50		《琴谱合璧》（满汉对照）	和素
51		《操缦录十卷》	胡世安
52		《琴学心声谐谱》	庄臻凤
53		《移情摘粹》	张良器
54		《琴苑心传全编》	孔兴诱
55		《德音堂琴谱》	汪天荣
56		《琴学图考》	孙真湛
57		《琴学正声》	沈琯

序号	朝代	文献	作者
58	清	《龙吟阁秘本琴谱》	王封采
59		《颍阳琴谱》	李郊
60		《治心斋琴学练要》	王善
61		《大乐元音》	潘士权
62		《兰田馆琴谱》	李光塽
63		《琴问》	孙尔周
64		《酣古斋琴谱》	裴奉俭
65		《指法汇参确解》	王仲舒
66		《邻鹤斋琴谱》	陈幼慈
67		《学海类编》	曹溶 等
68		《师白山房琴谱》	佚名
69		《琴学尊闻》	郭柏心
70		《琴学入门》	张鹤
71		《皕琴琴谱》	沈维裕
72		《蕉庵琴谱》	秦维瀚
73		《以六正五之斋琴学秘谱》	孙宝
74		《天闻阁琴谱》	唐彝铭
75		《希韶阁琴谱集成》	黄晓珊
76		《枕经葄史山房杂抄》	佚名
77		《双琴书屋琴谱集成》	倪和宣
78		《琴学初津》	陈世骥
79		《琴学丛书》	杨宗稷
80	中华民国	《琴学管见》	李崇德
81		《梅庵琴谱》	王宾鲁
82		《琴旨》	王坦
83		《藏琴录》	
84		《琴学随笔》	杨时百
85		《溪山琴况》	徐青山
86		《传统造弦法》	查阜西
87	年代不详	《丝桐掐奏》	佚名

附录五：历代"百衲"古琴举要

编号	琴名	形制	年代	工艺形式
1	九霄环佩	伏羲式	唐	腹内作长方形条状百衲纹……属于唐琴中镶嵌桐木纳音的一类
2	谷应	伶官式	唐	龙池凤沼处可见六边形木块镶嵌拼接
3	秋鸿	仲尼式	唐	经过X光透视后，发现面板是完整的整木，但在龙池、凤沼对应位置的面板处，挖了凹槽，以小块木头拼接镶嵌而成
4	松风清节	仲尼式	宋	木之纹理上下相通，是为刻纹后填漆之假百衲，非真正以小木块拼合者
5	天风海涛	仲尼式	宋	百衲拼合紧密贴合
6	百和	仲尼式	南宋	腹内以数十块六角形小桐木镶贴纳音
7	龟山异材	仲尼式	元	面板以小型桐木木心拼成
8	韵磬	仲尼式	元	吴景略先生认为"此为经朱氏重修并题识之真百衲也"
9	峨嵋松	仲尼式	明	面、底及池沼目力可及处均以紫檀木裁为龟纹样贴于桐木上，每块最长处约5.5厘米，宽约2.5厘米，厚约0.2厘米
10	太古元音	仲尼式	明	采用紫檀、花梨、乌木、鸡翅、红木五种材料，黄、棕、黑、褐四色百衲拼制而成
11	引凤	仲尼式	明	琴左肩缺损一块，琴有竹龟片几块为后补
12	绿天风雨	蕉叶式	明	通过池、沼可见面板为小块木材拼缀而成……琴面并无丝毫拼合痕迹显露，应即所谓于整木上拼合纳音之作
13	乾隆款无名琴	仲尼式	清	六边形沉香木拼贴
14	中和	仲尼式	明	数十块六角形桐木合组制为面板
15	南风	连珠式变体	宋	琴腹以6.6厘米左右桐木薄条贴于纳音处
16	魏元英造	霹雳式	宋	纳音微微隆起，以桐木薄片镶嵌
17	响泉	仲尼式	明	琴面通体由棱形木块拼接
18	秋岭鸣鹤	号钟式	明	面板为多块小片桐木胶合而成
19	玉玲珑	仲尼式		面板通体由多块六边形木块拼接而成
20	昆山玉	仲尼式	被定为宋斫	
21	未刻琴名	齐头师旷式	琴人或以宋琴目之	
22	未刻琴名	凤势式	宋	凤势式（亦称魏扬英式）百衲琴

种类	藏家	信息来源
假百衲	辽宁省博物馆	《蠡测偶录集》，辽宁省博物馆官网
未知	浙江省博物馆	浙江省博物馆官网
假百衲	浙江省博物馆	浙江省博物馆官网
假百衲	吉林省博物院	《蠡测偶录集》
未知		中贸圣佳 2018 秋拍图录
假百衲		中国嘉德 2020 年秋季拍卖图录
真百衲 / 未知		《古琴纪事图录》
真百衲 / 未知		2009 年 12 月北京匡时拍卖图录
假百衲		《故宫图典》
假百衲		《中国古琴珍赏》
假百衲	四川博物院	《四川文物》2003 年第 1 期
未知	上海博物馆	《2010 年中国古琴国际学术研讨会论文集》
假百衲		《中国古琴珍萃》
真百衲 / 未知		《古琴纪事图录》
假百衲	山东博物馆	《千年清音》
假百衲	山东博物馆	《千年清音》
真百衲 / 未知		《古琴纪事图录》
真百衲 / 未知		《古琴纪事图录》
真百衲 / 未知		《中国古琴珍萃》
未知	诗梦斋旧藏	《蠡测偶录集》
未知	刘铁云旧藏	《蠡测偶录集》
未知	山东省博物馆	《中国音乐文物大系·山东卷》

附录六：历代"宝琴"举要

编号	琴名	形制	年代	工艺形式
1	月明沧海	落霞式	明	青白玉轸足、碧玉岳尾
2	潞王中和琴	仲尼式	明	玉制岳山、龙龈、冠角、尾托、琴轸与雁足
3	清玉	仲尼式		玉制岳山及冠角、八宝灰为底
4	醉玉	仲尼式		岳山、承露、龙龈、龈托及冠角均为白玉
5	小递钟	仲尼式	明	岳山、承露和琴足为象牙制作
6	湘江秋碧	连珠式	清	岳山、承露、龙龈、冠角、龈托、尾托均为玉制。琴轸、雁足等刻有鹤舞祥云纹，填以金漆
7	铁鹤舞	仲尼式	明	岳山、雁足和龙龈皆以和田白玉制成。（编者注：从照片信息看，龙龈并非玉制，但"岳山"确系白玉所制）
8	玉振琴	仲尼式	明 / 清	两个冠角、龙龈、岳山、雁足皆为玉制

藏处	递藏信息	信息来源
故宫博物院	清宫旧藏	《故宫图典》
	李自芳旧藏	《中国古琴珍萃》
	张伯驹旧藏	《中国古琴珍萃》
四川博物院	裴墨痕旧藏	《中国古琴珍萃》
中国艺术研究院	郑颖荪、汪孟舒旧藏	《中国古琴珍萃》
	山中定次郎、F. Bailey Vanderhoef Jr. G. 旧藏	2016 年 10 月 5 日，苏富比"龙游帝苑"专场拍卖会
	李自芳旧藏	2010 年 6 月 4 日，北京保利 5 周年春季拍卖会，"会到无声"世家珍藏历代古琴
青岛市博物馆	1962 年 5 月 3 日收购自胡秀芬	青岛市博物馆官网《文物天地》2014 年 12 月

一、仿故宫博物院藏唐琴"九霄环佩"

（一）故宫博物院藏唐琴"九霄环佩"

唐，伏羲式，通长124厘米。

此琴传为盛唐制琴名家雷氏作品。腹内左刻"开元癸丑三年斫"楷书七字。琴以梧桐作面，杉木为底。通体紫漆，面底多处以大块朱漆补髹，发小蛇腹断纹，纯鹿角灰胎。龙池、凤沼均作扁圆形，腹内纳音隆起，当池沼处复凹下呈圆底长沟状，通贯于纳音的始终。蚌徽，红木轸，白玉足镂刻精美，紫檀岳尾。护轸亦为紫檀木所作，传为清代广陵派琴家徐祺所装。

"九霄环佩"历来为名家珍视。清末，"九霄环佩"享誉京城，为诗梦居士、古琴名家叶潜珍藏。1920年左右为戏曲家、红豆馆主溥侗所得。溥侗移居沪上后，"九霄环佩"遂为上海琴坛名器，又为著名收藏家刘世珩、刘晦之收藏。1952年，在时任国家文物局局长郑振铎先生主持下，国家文物局以重金购得"九霄环佩"，转藏故宫博物院。

"九霄环佩"在传世唐琴中最为古老独特，琴音温劲松透，形制浑厚古朴，被视为"鼎鼎唐物""仙品"，堪称国之瑰宝、第一名琴。

（二）古琴仿制规范

1.古琴名称：九霄环佩。

2.古琴形制：伏羲式。

3.底板铭文：琴底龙池上方篆书"九霄环佩"琴名（泥金），下方有篆文"包含"大印一方（泥金）。池右有行书"泠然希太古。诗梦斋珍藏"及"诗梦斋印"一方（泥银）。池左行书："超迹苍霄，逍遥太极。庭坚。"（泥银）。琴足上方行书："蔼蔼春风细，琅琅环珮音。垂帘新燕语，苍海老龙吟。苏轼记。"（泥银）。凤沼上方有"三唐琴榭"篆书长方印一方，下方"楚园藏琴"印一方（泥银）。

4.底板落款（手书镌刻）："甲午春日 致俭亲斫"（泥金）。

5.制作方式：传统手工技艺，杨致俭亲制。

6.制作周期：二至三年。

7.出品方：故宫博物院、杨致俭联合出品。

8.证书：故宫博物院、杨致俭联合出具并钤印。

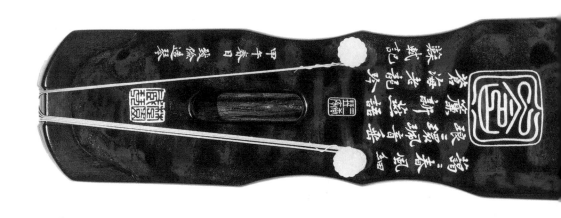

二、仿故宫博物院藏唐琴"大圣遗音"

（一）故宫博物院藏唐琴"大圣遗音"

唐至德丙申年制，通长120.3厘米。神农式，清宫旧藏，是最为典型的中唐琴标准器。

1925年，清室善后委员会在养心殿南库发现此琴。1947年，著名文物鉴赏家王世襄先生认定此琴为唐琴珍品，移藏延禧宫珍品库。1949年，故宫博物院延请古琴名家管平湖先生修理，并重新定名为"大圣遗音"。1960年，郑珉中、顾铁符先生评定如下：传世最古之名琴，造型优美别致，色彩璀璨古穆，断纹隐起如虬，铭刻精整富丽，不愧是一件"天府"奇珍，琴中之宝，定为一级品甲。经过诸多名家鉴赏肯定，"大圣遗音"被公认为故宫博物院所藏唐琴中最上佳品。唐琴是中国古琴斫制史的巅峰，"大圣遗音"历经千年时光，状态依旧完美。以指扣琴背，音坚松有回响；按弹发音清脆，饶有古韵。

（二）古琴仿制规范

1. 古琴名称：大圣遗音。

2. 古琴形制：神农式。

3. 底板铭文：琴底龙池上方刻行草"大圣遗音"琴名（泥金），下方有篆文"包含"大印一方（泥金）。

4. 底板落款（篆印一方）："致俭亲斫"（泥金）。

5. 制作方式：传统手工技艺，杨致俭亲制。

6. 制作周期：二至三年。

7. 出品方：故宫博物院、杨致俭联合出品。

8. 证书：故宫博物院、杨致俭联合出具并钤印。

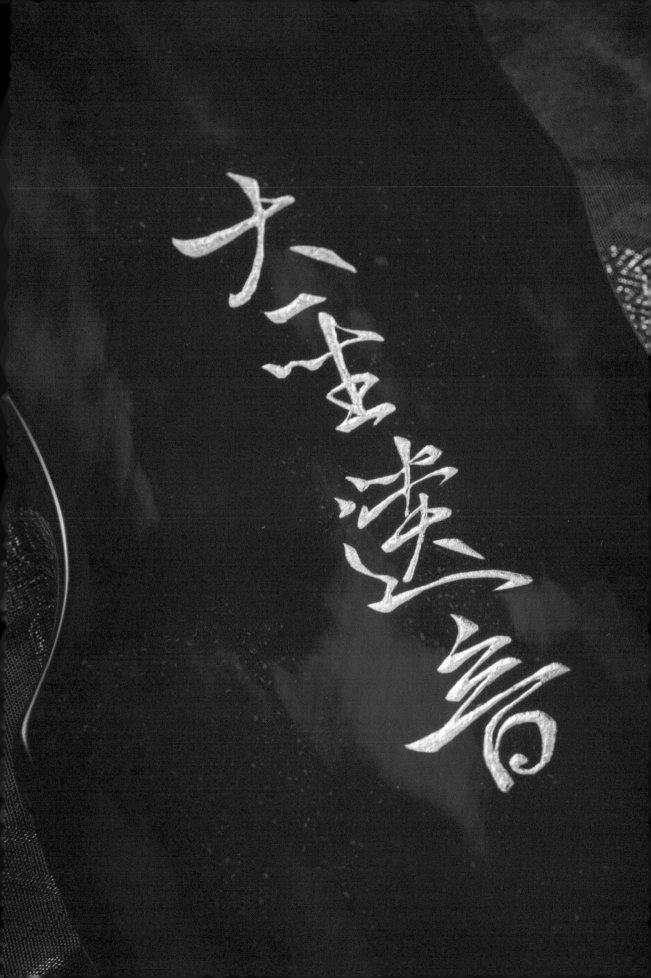

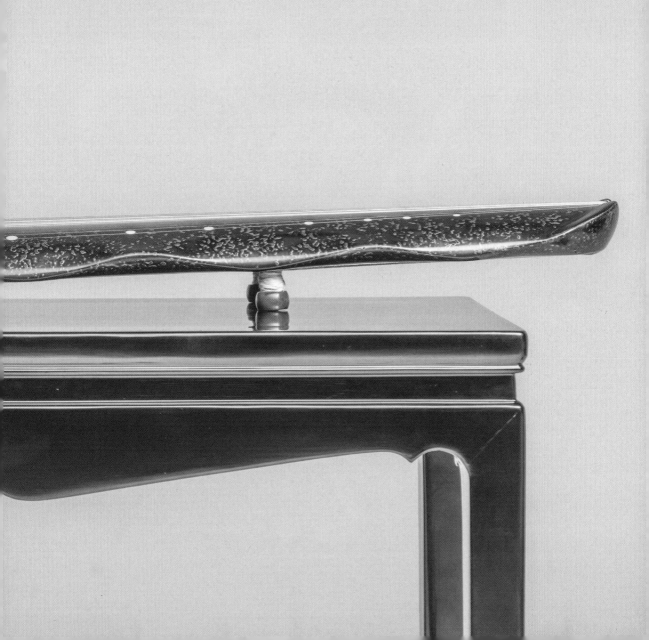

一、仿故宫博物院藏宋琴"清籁"

（一）故宫博物院藏宋琴"清籁"

宋代，通长 121.2 厘米，隐间 112.2 厘米，额宽17.6 厘米，肩宽 18.2 厘米，尾宽 13 厘米，厚 5.2 厘米。

仲尼式，南宋制作。清宫旧藏。

桐木斫，黑漆，鹿角灰胎，冰纹断。长方池沼，金徽，白玉轸足，紫檀岳尾。

琴背铭刻，龙池上方刻篆书填青"清籁"琴名，其下填朱"乾隆御赏"方印，池左右直抵双足刻梁诗正、励宗万、陈邦彦、董邦达、汪由敦、张若霭、裘曰修琴铭，填以五色，七人俱乾隆词臣。

（二）古琴仿制规范

1.古琴名称：清籁。

2.古琴形制：仲尼式。

3.底板铭文：其琴铭分别为"竹萧萧、松谡谡。鸟调簧，泉漱玉。天籁应宫商，谁能传此曲。静啸抚清弦，希声想涵蓄。臣诗正。""元气必清，声发乃肖。太音正希，谁为鼓召。寂然趺坐，莞尔独笑。金徽未张，閟此古调。忽和天倪，韵流万窍。非石钟鸣，非苏门啸。入耳会心，心灯自照。手挥五弦，静领其妙。臣励宗万敬铭。""虚斋拂徽轸，吹万起空谷。纤条发长鸣，泠泠袭书屋。天地皆秋声，寒蜇杂古木。九秋爽气横，逸响振岩谷。调如笙竽清，幽律警茅屋。心与太古期，萧森动万木。臣邦彦敬铭。""金徽玉轸，响彻丝桐。七弦泠泠，六律雍雍。淡而弥远，和而不同。躁心以释，矜气以融。清夜静听，天籁靡穷。臣邦达。""空山杳然，声何为来。谁持风轮，一阖一开。臣由敦。""竹铿尔，松翏如，泠泠万窍鸣庭除。前者唱于后者喁，出虚之乐惟此夫。臣若霭。""泉凌晨而泻涧，叶向夕以吟风。何事泠泠淅淅，都教并入弦中。臣曰修。"池内右刻楷书腹款"严恭远斫"。

4.底板落款（手书镌刻）："庚子立夏 致俭督制"（泥金）。

5.制作方式：传统手工技艺，杨致俭监制。

6.制作周期：二至三年。

7.出品方：故宫博物院、杨致俭联合出品。

8.证书：故宫博物院、杨致俭联合出具并钤印。

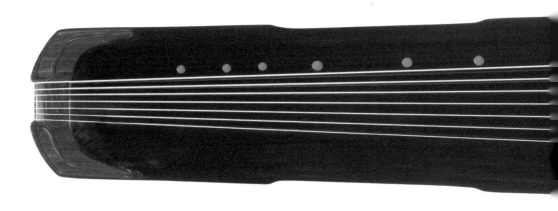

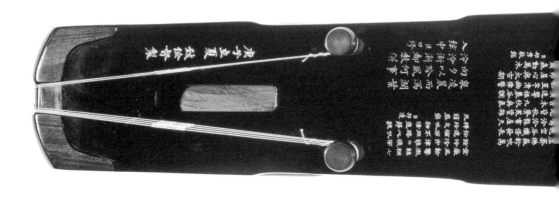

二、仿故宫博物院藏明琴"古梅花"

（一）故宫博物院藏明琴"古梅花"

蕉叶式古琴的琴身似一片修长的芭蕉叶，琴体两侧似蕉叶的叶缘，琴体酷似自然生长的芭蕉叶。

蕉叶在中唐之后成为园林重要的植物，与竹子相配，有"双清"之称，意寓品质高洁。明清以来多有器物书画以芭蕉为主题，或为纹饰。佛教、道教还将蕉叶视为神物，认为其有护佑作用。

故宫院藏"古梅花"琴在明代蕉叶琴中形态最为优美，虽然只是一张无底观赏琴，但却深受乾隆皇帝钟爱。乾隆十年（1745年），宫藏"古梅花"修复完好，乾隆皇帝即刻题咏，并钤盖"御赏"之印，可见此琴仅以造型之美，即超越了很多有演奏功能的宫藏珍贵古琴。

此次仿制的蕉叶式古琴，以"古梅花"为原型，保持了原琴优美的形态，并为无底观赏琴增加了底板，根据琴的形态，开凿共鸣腔，并配以岳山、承露、龙龈、冠角等配件，充分满足实际演奏功能。并在保持"古梅花"琴文物原有的优美形态之外，重新赋予它灵魂和生命。这是今人与古人的对话，更是对古琴斫制技艺的创新与传承。

（二）古琴仿制规范

1. 古琴名称：古梅花。

2. 古琴形制：蕉叶式。

3. 底板落款（篆印一方）："致俭督制"（泥金）。

4. 制作方式：传统手工技艺，杨致俭监制。

5. 制作周期：二至三年。

6. 出品方：故宫博物院、杨致俭联合出品。

7. 证书：故宫博物院、杨致俭联合出具并钤印。

后　记

　　本书初稿成于2016年。后三四年间出入正事俗务，随时修订，不敢忘焉。挑灯看卷，敝帚自珍而已。

　　2020年初，画家冷冰川先生与余会。偶及广西师范大学出版社正集中国顶尖艺术家作品向海外推广中国文化，愿绍介成美。余大欢喜。此2020年1月事也。不意疫情起，遂闭门又作润色、补充。及其总成也，已在庚子岁末。

　　冷君长余十数岁，位列当代中国重要艺术家，以"刻墨"名世。绘事文字兼长，又圆融处世，君子之风也其人。余素与冷君善，以兄事之。今又烦冷君不辞劳苦，担纲本书视觉艺术总监，增光华也必，惠读者也然。

　　方是时，余再就教于方家诸人，初得书名曰《椅桐梓漆》。是语出《诗经·定之方中》"树之榛栗，椅桐梓漆，爰伐琴瑟"。"榛栗"之果实可供祭祀。古琴本为"礼乐"，为教化人心之"圣人之器"。"椅、桐、梓、漆"四木，则涵盖传统古琴制作之材料与工艺。方家者，樊堃、廉萍二人也。樊君工书法、通收藏、喜古琴。廉君，北京大学古典文学博士出身、诗词研究专家。所荐书名，浑然天成，点睛也。后为出版便利，终定书名《中国古琴传统制作艺术》，朴而素，略有憾。

　　如此，则可以感谢者众。

　　感谢故宫博物院原常务副院长王亚民先生和故宫出版社原总编辑刘辉女史。正是两位大力支持，余得机缘入故宫探宝。

　　亚民院长乃出版界传奇人，学识渊博、底蕴深厚。后入故宫主事经营，于文创产业大刀阔斧，成绩卓然。亚民院长，敦厚长者也。余初入京时，亚民院长时时鼓励，言犹在耳，时时关心，如沐春风。

　　刘辉女史乃美学博士，主事故宫出版社和故宫文化传播公司。审美和修养兼具，学贯东西艺术。其为新时代女性，于传统文化之当代发展和应用具深刻见解。2017年，余获评"上海工匠"。上海市总工会提供1 000余平方米场所设立"杨致俭工匠创新工作室"。辉总观而赞，肯定"用科学量化方式，服务和发展中国传统文化，普及大众"之观点。此言如锚也，定我写好本书之信心。

值本书付梓之际，感谢尹晓冬女士、沐鹏伟先生、王玮女士等诸多朋友曾鼎力相助。特别是吴海鸣先生，前期协助整理资料、专利讯息和图文。并摄影师石磊先生，无他便无此图文书。

尤其感谢扬之水先生为本书作序。先生为"名物"研究大家，乃以考古学成果研究文学作品之开先河者。余得先生序，乃大福气。

感谢故宫博物院副院长王跃工先生之大力支持。跃工师兄书印俱佳，学问渊博，卓然大家。其丝桐传承浙派，身兼故宫博物院宫廷音乐与戏曲研究所长，于我斧正良多，感念铭佩。

值此书出版之际，余尤须提及夫人怡玲之付出。正是她无怨无悔，将所有时间精力奉献于家庭，相夫教子十几年，我始得以专注学问。本书付梓前，怡玲连续两整月，夙夜不懈，协助梳理历代制琴典籍、参考插图和流程条理规范，用心良苦。

感恩父亲和三位恩师——龚一先生、李祥霆先生和戴树红先生。得四大人海育，余入中国传统之美好世界。而于我钻研古琴制作和蚕丝琴弦制作，尤以李师参与最深，指正最多。

最后，感谢故宫博物院容我教我。近年，余参与故宫古琴馆建设、研究故宫古琴，并重温历代典籍，于古琴艺术和制作之理解与认知皆有飞升。艺人求艺之本质乃在于修炼自我，最终呈现之作品也取决于本人人格和学养之积累。是故，琴者，如也，如其人而已。此年少时所不知也。

是为后记。

图书在版编目(CIP)数据

中国古琴传统制作艺术/杨致俭著. —桂林:广西师范大学出版社,2022.9(2024.7重印)

ISBN 978 – 7 – 5598 – 4699 – 0

Ⅰ.①中… Ⅱ.①杨… Ⅲ.①古琴-乐器制造-中国 Ⅳ.①TS953.24

中国版本图书馆 CIP 数据核字(2022)第 013046 号

中国古琴传统制作艺术

ZHONGGUO GUQIN CHUANTONG ZHIZUO YISHU

出 品 人:刘广汉

策划编辑:李 昂

责任编辑:徐 妍

装帧设计:王 梓

内文设计:王鸣豪 李婷婷

广西师范大学出版社出版发行

(广西桂林市五里店路 9 号   邮政编码:541004)
(网址:http://www.bbtpress.com)

出版人:黄轩庄

全国新华书店经销

销售热线:021 – 65200318   021 – 31260822 – 898

山东临沂新华印刷物流集团有限责任公司印刷

(临沂高新技术产业开发区新华路 1 号   邮政编码:276017)

开本:787 mm × 1 092 mm   1/16

印张:22.25   字数:350 千

2022 年 9 月第 1 版   2024 年 7 月第 2 次印刷

定价:298.00 元